发现

身边的灾害风险隐患

◎ 应急管理部风险监测和火灾综合防治司 编

U0189268

科学普及出版社

· 北京 ·

图书在版编目（CIP）数据

发现身边的灾害风险隐患 / 应急管理部风险监测和火灾综合
防治司编 . -- 北京 : 科学普及出版社 , 2024.5（2024.9 重印）

ISBN 978-7-110-10643-3

Ⅰ . ①发… Ⅱ . ①应… Ⅲ . ①自然灾害 − 灾害防治 Ⅳ . ① X43

中国国家版本馆 CIP 数据核字（2023）第 217382 号

策划编辑	宁方刚　薛红玉
责任编辑	薛红玉　刘　茜
封面设计	马　劲
正文设计	马　劲
责任校对	张晓莉
责任印制	李晓霖

出　　版	科学普及出版社
发　　行	中国科学技术出版社有限公司发行部
地　　址	北京市海淀区中关村南大街 16 号
邮　　编	100081
发行电话	010-62173865
传　　真	010-62173081
网　　址	http://www.cspbooks.com.cn

开　　本	710mm×1000mm　1/16
字　　数	60 千字
印　　张	12.5
版　　次	2024 年 5 月第 1 版
印　　次	2024 年 9 月第 2 次印刷
印　　刷	北京长宁印刷有限公司
书　　号	ISBN 978-7-110-10643-3/X·77
定　　价	39.80 元

前言

我国是世界上自然灾害最为严重的国家之一，一部中华文明史也是中华民族抗灾救灾史。全球气候变化背景下，当前极端天气气候事件多发频发，各类风险隐患交织叠加，我国自然灾害风险形势愈加严峻复杂。

殷忧启圣，多难兴邦。党的十八大以来，党和国家事业发生历史性变革。以习近平同志为核心的党中央坚持人民至上、生命至上，将防灾减灾救灾工作摆在更加突出的位置。习近平总书记多次作出重要指示批示，发表一系列重要讲话，强调预防为主，坚持底线思维、极限思维，增强风险意识、忧患意识，高度重视防范化解重大风险，做好汛情震情监测，及时排查风险隐患，补好灾害预警监测短板，提升多灾种和灾害链综合监测、风险早期识别和预报预警能力，切实把确保人民生命安全放在第一位落到实处。党的二十大报告强调加强风险监测预警体系建设，推动公共安全治理模式向事前预防转型。2月19日，习近平总书记主持中央深化改革委员会第四次会议，强调要进一步提升基层应急管理能力。

居安思危，思则有备，有备无患。建立灾害风险隐患信息报送体系是国家赋予应急管理部门的职责之一，也是防范化解重大灾害风险的重要手段。为满足新时代应急管理体系对风险监测预警的新要求，提升基层应急管理水平，应急管理部高度重视，风险监测和火灾综合防治司积极谋划、大胆尝试，委托中国灾害防御协会组织气象、水利、地震、地质、林业、消防等应急方面的专家编写本书。

道虽迩，不行不至；事虽小，不为不成。本书尽可能立足基层视角，紧扣应急处置，全面梳理群众身边的各类灾害风险隐患，提炼归纳早发现、早报告和早处置必备基础知识和操作技能，注重运用正反两方面的案例，同时大量配备灾害现场图片，力求内容丰富、语言直白、图文并茂、通俗易懂，供各级应急管理人员特别是基层灾害风险隐患信息报送人员使用。

大道至简，知易行难。希望一册在手，满纸精华流芳，但因时间紧张、水平有限，疏漏难免、创意难全。谨抛砖引玉，启发广大基层应急工作者创造更多风险隐患识别方法，发掘更多成功经验和避险案例，从源头上防范化解重大灾害风险，真正把问题解决在萌芽之时、成灾之前，切实为防范化解重大灾害风险作出贡献。

编 者

2024 年 3 月

目录

叁拍 灾害风险隐患"早报告"

肆动 灾害风险隐患"早处置"

后记

一次次血的教训告诉我们，自然灾害风险隐患就在你我身边。一个个成功避险避灾案例告诉我们，许多灾害风险隐患早有征兆。本部分带你了解灾害基本概念，领会防灾减灾救灾工作所处新时代、面临新形势，让我们进一步增强社会责任感，牢记党和政府的嘱托，做好灾害风险隐患早发现、早报告、早处置，尽己所能减轻灾害风险。

言

问

您的身边安全吗

01

风险隐患

就在你我身边

现在的你，一定生活得幸福、平安、喜乐。那你是否觉得灾害距离我们非常遥远，身边并不存在什么危险？可事实远非如此，各种灾害风险隐患恰恰就在你我身边。

1. 血的教训

一次次、一件件、一桩桩血的事实告诉我们，灾害可能就在你我身边。大灾往往带来严重人员伤亡，成为社会之殇、家庭之痛、人之不幸。

河南郑州"7·20"特大暴雨洪涝灾害

2021 年 7 月 20 日，河南省郑州市遭遇历史罕见特大暴雨，发生严重洪涝灾害。据国务院调查报告，郑州因灾死亡失踪 380 人。其中，主城区 129 人，包括地铁 5 号线 14 人、京广快速路北隧道 6 人；西部山丘区 4 市 251 人，包括荥阳市崔庙镇王宗店村 23 人。山丘区 4 市近一半的遇难者是在他们的居住地或固定的经营场所发生不幸，超过 1/3 的遇难者是在外出生产劳动或旅途中遭遇不幸，还有部分是在转移过程中或转移后返回时遇难。

2019 年第 9 号超强台风"利奇马"

2019 年第 9 号台风"利奇马"是 1949 年以来登陆我国大陆地区强度第 5 的超强台风，共造成 57 人死亡、14 人失踪，209.8 万人紧急转移安置。受台风带来的特大暴雨影响，2019 年 8 月 10 日凌晨，浙江省永嘉县岩坦镇山早村山体滑坡阻塞河道，水位陡涨，造成 32 人死亡失踪。

汶川地震

2008 年 5 月 12 日 14 时 28 分，四川省汶川县发生 8.0 级特大地震，数万同胞在灾害中不幸遇难，数百万家庭失去世代生活的家园，数十年辛勤劳动积累的财富毁于一旦，北川县城、汶川县映秀镇等部分城镇和大量村庄几乎被夷为平地。

山西沁源"3·29"森林火灾

2019年3月29日，山西省沁源县王陶乡陶村因养鸡场架空铝绞线碰撞打火引发森林火灾，受害森林面积约942公顷，威胁附近6个乡（镇）39个行政村51个自然村以及18家企业约2.47万人。

四川茂县"6·24"特大山体滑坡

2017年6月24日6时，四川省茂县叠溪镇新磨村突发山体高位垮塌，造成68户167人受灾，83人遇难。

湖北武汉"5·10"大风

　　2021 年 5 月 10 日 13 时 30 分，湖北一公司两名工人对三阳路幕墙工程进行保洁作业。14 时 30 分，大风骤起，吊篮被吹起摆动，撞击大楼幕墙。14 时 50 分，救援人员将吊篮固定，两名工人被救出送医，经抢救无效死亡。

2008 年低温雨雪冰冻灾害

2008 年 1 月中旬至 2 月初，一场持续近 1 个月的低温雨雪冰冻天气袭击了我国南方 19 个省（区、市）。灾害发生时正值春运高峰期，对交通运输、能源供应、电力传输、通信设施和人民生活造成严重影响。1 月 26 — 30 日，京珠高速湖北南段连续 5 天滞留车队长达 35 千米，滞留车辆超过 2 万台，滞留司乘人员超过 6 万人。1 月 28 日，广州 75 个出港航班取消，5000 多名旅客被迫滞留。1 月 30 日，冰冻导致供电设备故障，铁路运输中断，电煤供应紧张，广州滞留旅客近 80 万人。

2. 成功避险

自然灾害有一个孕育的过程，部分灾害的发生是有前兆的，特别是临灾之时存在一些紧急征兆，灾中、灾后还可能引发一系列次生衍生灾害。如果能早些识别这些灾害风险隐患，并及时采取避险避灾行动，就能挽救生命、减少损失。

四川阿坝成功避险一起泥石流及堰塞湖灾害

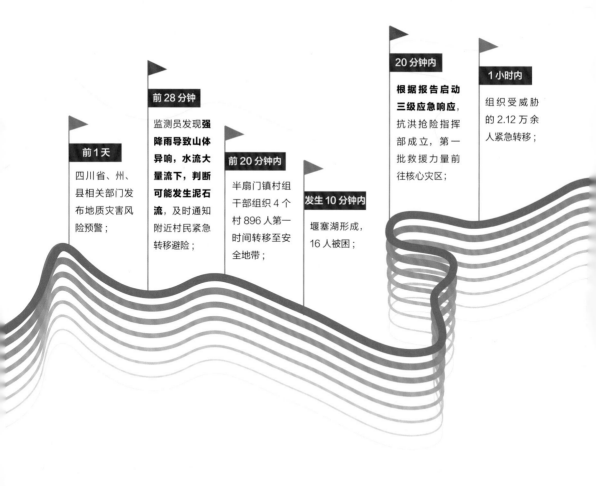

前1天

四川省、州、县相关部门发布地质灾害风险预警；

前28分钟

监测员发现**强降雨导致山体异响，水流大量流下，判断可能发生泥石流**，及时通知附近村民紧急转移避险；

前20分钟内

半扇门镇村组干部组织4个村896人第一时间转移至安全地带；

发生10分钟内

堰塞湖形成，16人被困；

20分钟内

根据报告启动三级应急响应，抗洪抢险指挥部成立，第一批救援力量前往核心灾区；

1小时内

组织受威胁的2.12万余人紧急转移；

2020年6月中下旬，四川省阿坝州丹巴县半扇门镇因强降雨引发泥石流和堰塞湖灾害。丹巴人民在这条协力同心抗击灾害的时间轴上，谱写了一曲早发现、早报告、早预警、大转移、大疏散、大抢险、大救灾的生命赞歌。

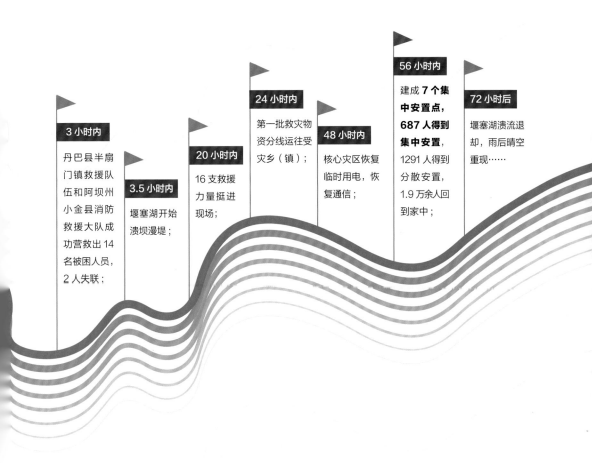

3小时内

丹巴县半扇门镇救援队伍和阿坝州小金县消防救援大队成功营救出14名被困人员，2人失联；

3.5小时内

堰塞湖开始溃坝漫堤；

20小时内

16支救援力量挺进现场；

24小时内

第一批救灾物资分线运往受灾乡（镇）；

48小时内

核心灾区恢复临时用电，恢复通信；

56小时内

建成**7个集中安置点，687人得到集中安置**，1291人得到分散安置，1.9万余人回到家中；

72小时后

堰塞湖溃流退却，雨后晴空重现……

参考自：《重磅！这是一条2.12万人成功避险的生命时间轴》

出品自：康巴传媒（甘孜日报社 甘孜州广播电视台 丹巴县融媒体中心）

湖南长沙通程商业广场成功避险一起洪涝灾害

2023年8月2日13时46分	湖南省长沙市长沙县三级联动发布临时强降雨预警。
14时20分	星沙街道突降短时极端暴雨，最大小时雨量78.4毫米，30分钟雨量65.8毫米，为近10年以来最强。
14时22分	凉塘路社区灾害风险隐患信息报送员（简称"信息员"，本书下同）易磊在巡查过程中发现，占地面积约11万平方米的下沉式广场——通程商业广场存在城市内涝和淹水倒灌的威胁，立即将情况上报。
14时26分	长沙县启动应急预案。
15时10分	组织疏散受威胁的846名群众，切断商场电源，安排志愿者联系车库车辆移车，调集增派1台中型、1台大型抽水车辆，强力开展排水作业。
8月3日凌晨3时	通程商业广场有序恢复正常，排水、清洗、消毒完毕。由于应急处置及时果断，成功避免了人员伤亡。

云南泸水成功避险一起山洪灾害

因持续强降雨，云南省怒江州泸水市鲁掌镇三河村湾转河组、滴水河组附近河水开始上涨，信息员杨成及时电话报告三河村村委会及镇政府。

山洪暴发。因报告及时、预警处置到位，河道两岸及下游居住的 44 户 155 名群众紧急转移，成功避免了人员伤亡，有效保障了人民群众的生命安全。

| 2023 年 8 月 7 日 10 时 | 20 时许 | 23 时起 | 23 时 30 分 |

杨成听到水声异响，判断洪水可能会危及河道两岸及下游群众的生命财产安全，立即将相关情况上报。镇政府接报后，根据实际研判立即启动应急预案，组织人员对处于危险地段的群众进行紧急转移，同时对重要通道进行道路管控，严禁群众进入危险区域。

河水开始上涨。

上海嘉定区成功避险一起风雹灾害

2023 年 7 月 3 日，上海市嘉定区南翔镇华猗社区信息员曹向阳发现海谊苑小区出入口上方铁架与墙连接处生锈严重，仔细观察风吹时还会掉落生锈的小金属片，判断存在高空坠物风险。曹向阳第一时间向社区网格长徐孝雪报告，并提醒途经居民。接报后，徐孝雪迅速到达现场，委派专业人员查看，并拉起警戒带、树立标识，安排专人提醒过往群众避险，同时向南翔镇报告，请求支持。

经全面排查，该小区竣工九年，铁架处于养护盲区，连接点已经生锈到墙体，无法进行二次修复，掉落的金属片正是生锈的骨架。海谊苑小区有近 700 户、2000 余人，老年群体占比高，铁架一旦掉落，极易砸伤行人。徐孝雪随即召集辖区网格员、物业工作人员、业委会工作人员召开灾害风险处置和避灾避险教育培训会。

当日 12 时 45 分，当地发生十级大风。由于风险隐患发现报告及时、避险措施得当，成功避免了群众被铁架砸到，未造成人员伤亡。大风过后，南翔镇迅速协调物业公司，用 4 天时间拆除了铁架。

甘肃省陇南市武都区成功避险一起滑坡灾害

发现 2023年4月21日，甘肃省陇南市武都区安化镇槐树下村信息员李志峰发现，该村山体上部裂缝有明显加宽的迹象，判断该隐患点随时存在下滑垮塌的可能，第一时间打电话向镇党委书记辛山泉和应急站应急第一响应人孟小鹏报告，并通过灾害风险隐患报送系统上报隐患信息。

处置 安化镇迅速组织应急第一响应人和青年抢险突击队员53人赶赴现场，将周边受影响的66户208名群众转移到安全地带。

结果 成立临时指挥部，组建了应急救援办公室和统筹协调、抢险应急、群众安置、后勤保障、医疗救治5个工作专班，明确各自工作职责，全面做好群众的情绪疏导、后勤保障等工作。

江苏省徐州市睢宁县成功避险一起森林火灾

发现 2023年1月29日，江苏省徐州市睢宁县桃园镇信息员吴晓亮在进行常态化风险隐患巡查工作时，发现刘楼村睢桃线路边有烟雾升起，立即电话向镇政府汇报，并将情况通过系统上报。

处置 接报后，镇政府依据应急处置预案，组织人员赴现场快速将明火扑灭。

结果 因为风险隐患发现处置及时，只造成路边绿化带轻微烧坏，避免了明火烧毁高压电线，解除了对周边15户46人和两家人员密集服装加工厂的威胁，成功避免了人员伤亡和财产损失。

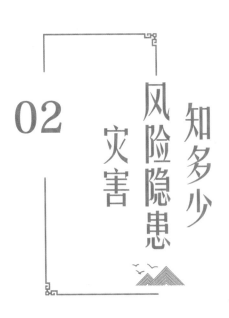

02

知多少

风险隐患

灾害

　　我国自然灾害种类多，分布地域广，发生频率高，造成损失重，这是一个基本国情。具体到你所在的家乡，灾害也各有特点，人们很容易就暴露在自然灾害之下。防灾减灾人人有责，我们有必要先行认识几个基本概念。

1. 灾害性天气

　　"风和日丽、阳光明媚、清风拂面、晴空万里……"

　　"沾衣欲湿桃花雨，吹面不寒杨柳风。"

　　"好雨知时节，当春乃发生。随风潜入夜，润物细无声。"

　　古往今来，描写天气的好词佳句不胜枚举。天气，我们再熟悉不过，它是指发生在大气中的各种自然现象。天气有好有坏，其中坏的就是灾害性天气。灾害性天气是对人类生命财产、生产生活及大自然生态环境造成灾害的天气，包括暴雨、台风、高温、大风、雷暴、冰雹、暴雪、寒潮等几十种。

△各类天气的标志

2. 自然灾害

自然灾害是自然因素造成人类生命、财产、社会功能和生态环境等损害的事件或现象。如右图所示，是我们常见的自然灾害类型。

我国常见的自然灾害类型

干旱灾害

江河洪水
城乡内涝
山洪

洪涝灾害

地震灾害

崩塌
滑坡
泥石流
地面塌陷
地面裂缝
地面沉降

地质灾害

台风大风
台风暴雨
台风风暴潮

台风灾害

风雹灾害

大风
龙卷风
冰雹
雷暴
沙尘暴

低温冷冻
雪灾
冰灾

**低温冷冻
和雪灾**

森林火灾
草原火灾

**森林草原
火灾**

海浪
海啸
风暴潮
赤潮

海洋灾害

　　灾害性天气和地震都属于致灾因子，如果对人类生命财产等不构成威胁，则不称为灾害。致灾因子的范围、强度直接影响自然灾害的危害程度。人、房屋、作物、基础设施等受灾对象为承灾体。承灾体暴露在自然灾害中的数量越多、脆弱性越大，造成自然灾害的损失也越大。当然，防灾减灾救灾能力提升也是降低自然灾害风险的有效手段。

3. 灾害链

自然灾害的发生通常不是孤立的。一种自然灾害的发生往往会引发一系列灾害甚至事故，形成灾害链。最为常见的就是各种灾害性天气和地震引发的一系列灾害事故。典型的灾害链主要有暴雨 – 洪涝灾害链、台风 – 洪涝灾害链、地震 – 地质灾害链、高温 – 干旱 – 森林火灾灾害链等。

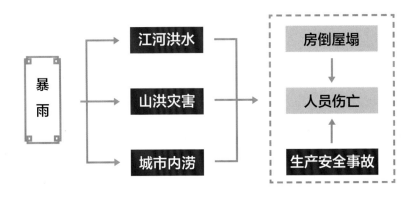

△ 暴雨产生的灾害链

暴雨直接导致江河洪水、城乡内涝、山洪等灾害，常常伴随滑坡、泥石流等地质灾害，还可能因为洪水倒灌导致爆炸等生产安全事故的发生，造成房倒屋塌和人员伤亡。

　　地震发生后，除了房倒屋塌外，还会造成地质灾害和堰塞湖，容易引发火灾爆炸等事故。大震巨灾对经济社会的冲击不容忽视，还会衍生出一些人们意想不到的灾害。

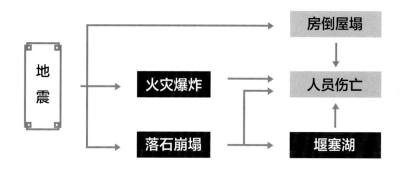

△地震产生的灾害链

4. 灾害风险隐患

灾前、灾中、灾后全过程都存在风险隐患。本书所称灾害风险隐患，主要界定为临灾之时或灾害发生之后的一些紧急征兆，包括：

环境的缺陷

如暴雨中开敞的基坑等

物体的危险状态

如摇摇欲坠的广告牌、涉水车辆等

人的不安全行为

如驾驶车辆涉深水、避险转移后返回隐患点等

灾害风险隐患的识别至关重要，目前常采用眼看、耳听、手摸、脚探、工具测量、仪器监测等方法。

03　早　早　早
　　　发　报　处
　　　现　告　置

中华民族抵御、抗击各种自然灾害，与 5000 年中华文明史相伴相生。"愚公移山、大禹治水""黄河三年两决口，百年一改道""施粥布善、蠲免赋税"……历朝历代，水患治理、救灾备荒，不绝于书。

"一方有难，八方支援。"中华人民共和国成立后，在中国共产党的坚强领导下，在干部群众的舍生忘死、顽强奋斗中，战胜了各种各样的自然灾害，塑造了中华民族新的精神力量。

党的十八大以来，在以习近平同志为核心的党中央坚强领导下，我国防灾减灾救灾事业继往开来，进入新时代、踏上新征程。

1. 工作背景

近年来，全球气候变化背景下，极端天气气候事件多发频发，与各种因素交织叠加，灾害风险形势愈加复杂严峻。

2018 年以来，应急相关部门不断加强自然灾害风险监测预警工作，强化灾害防治能力建设，但临灾之时风险隐患的快速发现和识别报送仍是薄弱环节。

2. 实践探索

2019 年 6 月，《应急管理部关于建立健全自然灾害监测预警制度的意见》印发，明确建立自然灾害综合监测预警报送体系。

2020 年 2 月，应急管理部、民政部、财政部联合印发《关于加强全国灾害信息员队伍建设的指导意见》指出，灾害信息员主要承担灾情统计报送、台账管理以及评估核查等工作，同时兼顾灾害隐患排查、灾害监测预警、险情信息报送等任务。

2021 年，自然灾害风险隐患信息报送工作正式启动。经探索实践，国家、省、市、县、乡、村六级贯通的组织体系基本建成，百万灾害风险隐患群测群防队伍初步建立，逐步形成广大乡村基层主动排查发现报送风险隐患，及时防范化解灾害风险，并成功避险避灾的应急格局。

3. 重要意义

新时代新征程，推进自然灾害风险隐患信息报送工作，具有重要的基础意义和应用前景。

◆ 减轻灾害风险、减少人员伤亡的"先锋"和"前哨"

◆ 为当地灾害防范应对赢得时间，赢得主动

◆ 为上级灾害风险研判提供线索

◆ 是基层应急能力提升的重要组成部分

◆ 是践行"人民至上，生命至上"理念的重要体现

自然灾害风险隐患信息报送工作刚刚起步，包括"早发现""早报告""早处置"三个重要环节。以下设置三大部分，并重点针对"早发现"分门别类地介绍。

我国自然灾害种类繁多，涉灾风险隐患复杂多样。本部分重点针对暴雨洪涝、台风、地震、地质灾害、森林草原火灾、风雹、低温冷冻和雪灾等7大类突发性灾害及其链生、次生灾害，重点梳理其风险隐患表征或现象。希望你了解之后，能从复杂的表象中识别风险隐患，在临灾之时做到早发现，为防范化解风险赢得宝贵时间。

武

看

灾害风险隐患『早发现』

01

暴雨来袭

（洪涝灾害）

暴雨是指短时间内产生较强降雨的天气现象。降雨分为 7 个等级，24 小时降水量为 50 毫米以上或 12 小时降水量为 30 毫米以上的强降雨称为"暴雨"，又分为暴雨、大暴雨、特大暴雨三个等级。

等 级	时段降雨量	
	24小时降雨量	12小时降雨量
微量降雨（零星小雨）	< 0.1	< 0.1
小雨	0.1 ~ 9.9	0.1 ~ 4.9
中雨	10.0 ~ 24.9	5.0 ~ 14.9
大雨	25.0 ~ 49.9	15.0 ~ 29.9
暴雨	50.0 ~ 99.9	30.0 ~ 69.9
大暴雨	100 ~ 249.9	70.0 ~ 139.9
特大暴雨	≥ 250.0	≥ 140.0

△降雨量等级划分表（单位：毫米）

△暴雨预警信号

洪涝灾害是由于强降雨、台风、风暴潮、冰雪融化、冰凌等原因引起江河湖泊及沿海水量增加、水位上涨泛滥以及山洪暴发，或因大雨、暴雨或长期降雨过于集中而产生大量的积水和径流，排水不及时，致使人员伤亡、财产受淹而造成的灾害。其中，暴雨是最常见诱因。

1. 江河洪水

　　江河洪水是大范围强降水超过流域土壤蓄水能力时，通过地表经坡地汇流、河网汇流和地下汇流，进入河槽形成的洪水过程。融雪和融冰也可能形成江河洪水。

△洪水预警信号

　　进入主汛期后，我国多地江河湖库面临着较大的江河洪水压力，需高度关注部分堤防、中小水库（淤地坝）等构（建）筑物发生险情，及时识别、上报风险隐患。

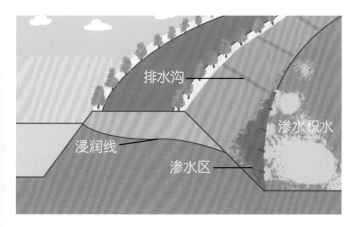

（1）渗水

　　堤坝等防洪工程在高水位作用下，背水坡面及坡脚附近出现土壤渗水。渗水扩大可形成漏洞，用眼看、手探即可发现。

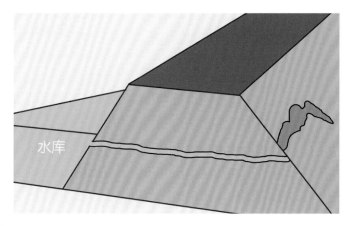

（2）漏洞

　　渗流通过堤坝的漏水通道，从背水坡溢出。漏洞扩大是堤坝溃决的征兆。

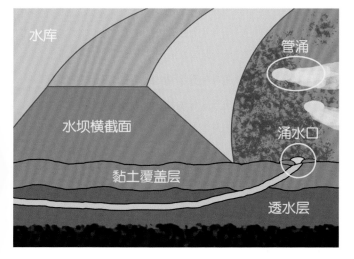

（3）管涌

　　管涌也称"泡泉""泉""翻砂鼓水"，土体颗粒被渗流带出而发生渗透破坏，肉眼可见。管涌可能引起建筑物塌陷，是决堤、垮坝的征兆。

（4）开裂

　　堤坝在洪水长时间作用下，其顶部或坡面出现纵向或横向裂缝。往往是发生堤坝破损、溃堤等险情的征兆。

（5）沉陷

　　在高水位或雨水浸注情况下，堤身、堤脚附近发生局部凹陷，有的口大底浅呈盆形，有的口小底深呈井形。堤顶与堤坡沉陷是洪水溢出的征兆。

（6）坍塌

　　由于水流不断冲刷堤防坡脚材料，使坡度变陡，导致上层土体失稳引起护坡、土体崩塌，是溃堤等的征兆。

（7）失稳

水流淘刷、渗水作用或顶部压载造成堤坝边坡失稳，局部土体下滑，堤脚处土壤被推挤向外移动或隆起。边坡失稳是堤坝破损、断面削弱的征兆，可能引发溃堤。

（8）溃堤或溃坝

溃堤是由于漫堤（洪水水位超过堤顶面）、漏洞、管涌等险情发展造成堤工程破坏，失去挡水作用而形成决口的现象。

溃坝是堤坝、其他挡水建筑物或挡水物体溃决的现象，是大规模洪水溢出的征兆，可能造成下游毁灭性灾害。我国小型水库多，坝型主要为土石坝，漫坝（洪水水位超过坝顶面）和渗透破坏等都可能引发溃坝。

　　2023 年 9 月 5 日,福建省泉州市台商投资区东园镇阳光社区信息员陈志彬发现**石盘坝坝体下部出现 2 处管涌通道,渗水口直径约 10 厘米,有泥沙被冲刷,水体浑浊**,立即将情况上报镇政府和社区居委会,成功避免 16 户 77 名群众伤亡。

2023 年 5 月 4 日，江西省宜春市铜鼓县大沩山林场信息员兰海洪发现**林场便桥下方涵洞排水不畅，河水水位不断升高，可能漫流导致场部被淹、房屋进水，**立即上报险情，28 名群众成功避险。

2. 城市内涝

　　城市内涝是短时强降雨或连续性降雨超过城市雨水设施消纳能力，导致地面产生积水，威胁居民区、学校、医院等人群聚集地和地铁、下穿隧道、下凹式立交桥等地下设施安全，造成工业企业、商铺、农贸市场、停车场等社会经济活动集中点和道路、桥梁、电网、通信网等城市生命线损失，对高压电、危险化学品所在地等产生不利影响。

（1）内河漫溢

　　城市内河如出现水位满溢，顶托周边，水排不出去，可能引发大规模城市内涝。

① 河水向城市街道漫溢。

② 内河周围淹水严重，且水位上升快、流速快。

③ 街道积水深度超过 15 厘米。

④ 街道积水向小区或底商倒灌。

（2）下凹式立交桥、下穿隧道、地下通道等低洼处

这些地方积水过多或倒灌时，因光线不好，无法准确观察积水深度，贸然进入可能造成人员、车辆被淹等。雨前、雨中、雨后都可能存在风险隐患。

① 积水深度超过20厘米。

② 目视或从警示标志上发现水位上涨趋势明显。

③ 雨水篦子有异物淤积堵塞等，造成排水不畅。

④ 低洼处水流湍急，短时四周水迅速汇聚。

⑤ 人员和车辆上述情况下仍在涉水。

北京市

黄色警示线（距地面最低点 20 厘米）以下，道路可以通行，但机动车需低速缓慢通过。

红色警戒线（距地面最低点 27 厘米）以上，积水深度已经达到汽车排气管平均位置，机动车无法正常通行。

合肥市

下穿桥的墙壁上，离最低点 27 厘米处标有红色"警戒线"字样。

2021 年 7 月 20 日，郑州京广快速路北隧道淹水倒灌，造成 6 人死亡、247 辆汽车被淹。

（3）车库、地铁等地下空间

出入口洪水倒灌，可能造成列车失电迫停、人员被困、车辆损毁等。

① 有积水，且水位不断上涨。

② 周边缺乏防汛物资。

③ 出入口防汛设施有损毁或缺失。

重大灾害 事件

2021 年 7 月 20 日，郑州地铁 5 号线 04502 次列车行驶到海滩寺站至沙口路站上行区间时遭遇涝水灌入、失电迫停，14 人死亡。

（4）裸露电线或倒塌电线杆

暴雨时，以下风险隐患极易引发触电风险，造成人员伤亡。

① 电线裸露。

② 电线杆或高压电塔倒塌。

③ 公交站牌旁、被水浸泡的电器等漏电。

（5）开敞基坑

基坑是由地面向下开挖出的空间。

① **暴雨时敞口、完全暴露。**

② **没有挡土的东西，可能引发塌方。**

2021年9月3日，河南省新密市御景天城小区楼前工地的巨大基坑，因暴雨塌方不断，导致小区围墙、小广场全部坍塌，最近的距离住宅楼只有2米左右。

（6）井盖开启

路面积水有漩涡、突泉，表示井盖可能开启，行人有掉入窨井的风险。

（7）建筑物或围墙倒塌

① 年久失修的建筑物或围墙被积水浸泡。

② 雨水持续冲击墙体。

③ 建筑物或墙体有裂缝。

④ 一段防洪墙坍塌。

重大灾害 事件

2017 年 4 月 9 日，湖北省武汉市黄陂区盘龙城叶店小区围墙外的雨水通道被渣土堵住无处可排，造成小区一段长约 5 米的围墙倒塌，两车受损。

（8）积水漫路

① 未判断积水深度，强行开车涉水行驶。

② 涉水时未保持低挡位行驶易造成车辆熄火。

③ 水下路面可能已经被破坏（如窨井盖冲走、过路管线塌陷），贸然行进易发生意外。

知识点

　　各类车型的汽车涉水深度设计标准不同，如轿车的涉水深度为 20 ～ 30 厘米，SUV（运动型多用途车）为 30 ～ 60 厘米，越野车可以达到 70 厘米左右。一般情况下，积水超过半车轮高度涉水行驶有危险。

（9）冒雨施工

暴雨出现时，可能造成施工人员被洪水冲走。

重大灾害 事件

2019 年 4 月 11 日晚，广东省深圳市短时极端强降雨导致多个区域突发洪水，多处暗渠、暗涵施工人员被洪水冲走，11 人死亡失踪。

成功 避险案例

　　2023 年 8 月 27 日，湖南省张家界市桑植县芙蓉桥白族乡芙蓉桥村文书王芳、干部王亚婕、计生专干王咏梅、组织宣传委员钟苗等发现芙蓉桥村喜洲街和钟家里组**河道水位上涨迅猛，存在漫堤风险，威胁沿河群众安全，**立即联系钟家里组组长谷美华，组织受威胁的 36 户 73 名群众分片转移避险，成功避免人员伤亡。

3. 山洪灾害

　　山洪灾害是指山丘区小流域短时强降水引发的溪河洪水及其诱发的泥石流、山体滑坡等造成的人员伤亡、财产损失、基础设施毁坏及环境资源破坏的灾害。具有洪水陡涨陡落、冲击力强、破坏性大等特点。

（1）山洪暴发前兆

山体有不稳定因素和降水异常等情况下易发生山洪，相关征兆依靠日常多留意、多观察，主要包括耳听、鼻闻、眼看等。

① 当地发生异常强降雨。

② 溪沟出现异常洪水，水流中携带大量泥沙和漂浮物。

③ 山上树木发出沙沙的扰乱声，有树木的断裂声，山体出现落石、流土、裂缝或异常山鸣。

④ 上游河道发生堵塞，溪沟内水位急剧减少。

⑤ 上游发生崩塌，溪沟流水非常浑浊或有异常臭味出现。

⑥ 在流水突然增大时，溪沟内发出明显不同于机车、风雨、雷电、爆破的声音，可能是泥石流携带的巨石撞击产生。

⑦ 有树木的断裂声。

⑧ 在人还没有感觉出有异常现象时，动物已有异常的行动，如猫的大声嘶叫等。

（2）重点部位风险隐患

① 危险部位房屋

◆ 位于多条溪河交汇处的村庄，相对溪河的位置低洼，河滩狭窄，易出现山洪漫溢进村，沿街行洪，破坏力巨大。

◆ 房屋位于切坡或陡坡下、陡坎或沟边等，边坡、地基不稳固。

◆ 房屋上下游有可能导致溃决和阻水的桥涵、路坝等。

◆ 在河滩、洪水通道或紧邻小水库、山塘下游河边建房。

重大灾害 事件

2021年7月20日，河南省郑州市西部山丘区山洪沟、中小河流发生特大洪水。因河流沟道淤堵萎缩，房屋桥梁道路临河跨沟建设，导致阻水壅水加剧水位抬升，路桥阻水溃决洪峰叠加破坏力极大。荥阳市崔庙镇王宗店村山洪沟15分钟涨水2.4米，下游6千米处的崔庙村海沟寨水位涨幅11.2米。4市、44个乡镇、144个村因灾死亡失踪251人，时间高度集中在13～15时。

② **旅游景区**

依山傍水的景区，尤其是未开发景区，山洪危险性更高。

◆ **未做好游客疏导和安全工作。**

◆ **救援、救护等设备不齐全、无效。**

◆ **危险地段无标志。**

◆ **没有避险场所和防护设施。**

重大灾害 事件

2022年8月13日15时30分，四川省成都市彭州市龙门山镇后山下雨，引起龙漕沟区域突发山洪，导致部分在沟内戏水休闲的群众被困，7人不幸遇难。

③ 山洪沟口

重大灾害 事件

2010年8月8日凌晨，甘肃省甘南州舟曲县发生特大山洪泥石流灾害，死亡失踪1765人。山洪沟口区域被夷为平地，城乡居民住房被大量损毁，交通、供水、供电、通信等基础设施陷于瘫痪，白龙江河道严重堵塞，大片城区长时间被淹。

重大灾害 事件

2022年8月17日22时，青海省大通回族土族自治县因瞬间强降雨引发山洪灾害，造成31人死亡失踪。

（3）高危人群

① 暴雨时在山上或陡坡下、溪河两边活动，随意过河、过桥。

② 在洪水猛涨的溪河边打捞财物，或乘竹排、木排、木桶、船只抢救财产。

③ 野外施工人员不了解当地山洪情况，临时驻地选址不当，暴雨时没有及时转移。

④ 人员转移后擅自返回。

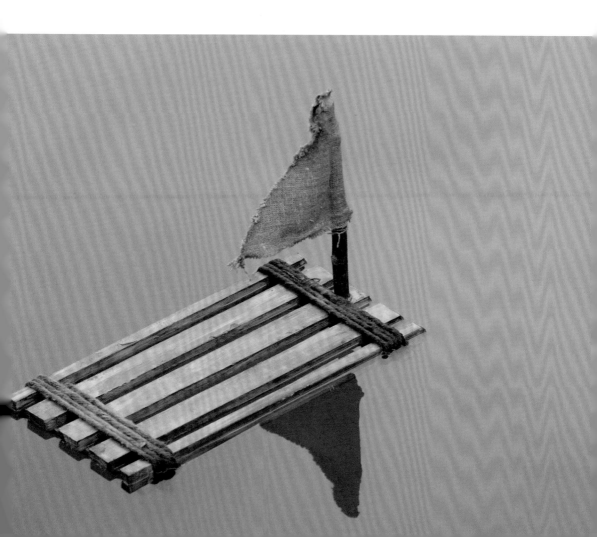

2023 年 8 月 27 日，湖南省张家界市桑植县桥自弯镇党委书记陈兆旭发现松柏村连三湾组公路内侧**山沟暴发山洪，持续冲刷坡下村民家房屋基脚，房屋随时有倒塌风险**，立即组织转移群众，1 户 4 人成功避险。

4. 地质灾害

暴雨洪涝常常导致滑坡、泥石流等次生地质灾害。

具体风险隐患特征参见"04 山崩地陷（地质灾害）"。

02 台风肆虐（台风灾害）

台风是指发生在热带或者副热带洋面上的低压涡旋，在气象上叫作热带气旋，划分为 6 个等级。

热带气旋等级名称	底层中心附近最大平均风速（米/秒）	蒲福风力等级（级）
热带低压（TD）	10.8 ~ 17.1	6 ~ 7
热带风暴（TS）	17.2 ~ 24.4	8 ~ 9
强热带风暴（STS）	24.5 ~ 32.6	10 ~ 11
台风（TY）	32.7 ~ 41.4	12 ~ 13
强台风（STY）	41.5 ~ 50.9	14 ~ 15
超强台风（Super TY）	≥ 51.0	≥ 16

△热带气旋的等级划分

△台风预警信号

台风带来的大风、暴雨和风暴潮是引发灾害的三个主要因子。

2006 年 8 号超强台风"桑美"影响浙江、福建和江西等地，导致 483 人遇难。

1. 台风大风

台风中心附近最大风力一般为 8 级以上，风速达 17 米 / 秒以上，有的甚至可达 60 米 / 秒以上，足以损坏甚至摧毁陆地上的建筑、桥梁、车辆等，造成人员伤亡和财产损失。

（1）房屋及临时建筑物

① 质量脆弱或年久失修的房屋和临时建筑物存在损毁致人伤亡风险隐患。

② 部分建筑大厦窗户存在被台风袭击碎裂风险。

③ 蔬菜大棚存在被大风吹倒的风险。

（2）广告牌、围墙等构筑物

① 建筑物外层幕墙和大型广告牌松动。

② 年久失修或根基浅、质量不过关的围墙倒塌。

③ 道路围栏被风吹倒。

（3）行道树木

① 根浅的行道树、老树朽木，
被风吹倒。

② 停放在树下的车辆和路过的
行人有被树砸到的风险。

③ 大树倒伏阻塞交通。

（4）户外作业

① 塔吊、高空架线、高层建筑清洗等户外作业未停工。

② 输变电线路被大风吹断。

③ 大风中的户外行人。

成功 避险案例

2023年7月25日，"杜苏芮"台风影响福建，泉州市惠安县涂寨镇南埔村信息员卢素环发现**纯三家庭农场1户3人居住在蔬菜种植大棚内，**立即转移人员，成功避免人员伤亡。

2. 台风暴雨

一次台风登陆，降雨中心一天可降下100～300毫米，甚至500～800毫米的局地大暴雨。台风暴雨造成的洪涝灾害，来势凶猛。

台风裹挟暴雨，造成的洪涝灾害损失往往更大，具体灾害风险隐患参见"01 暴雨来袭"部分。

成功 避险案例

　　2023 年 7 月 28 日，超强台风"杜苏芮"登陆福建省泉州市晋江市，磁灶镇磁灶社区赖燕婷、下官路村吴信金、岭畔村吴碧梅、苏坑村刘智坚等 4 名信息员**发现流经村庄的河溪水位上升较快**，立即上报险情，339 人成功避险。

3. 台风风暴潮

　　风暴潮位居海洋灾害之首，是由热带气旋、温带天气系统、海上飑线等风暴过境所伴随的强风和气压骤变引起的局部海面震荡或非周期性异常升高（降低）现象。其中，台风风暴潮来势猛、破坏力强。

△风暴潮预警信号

　　强台风风暴潮容易引起沿海水位暴涨 5 ～ 6 米，造成轮船碰撞、搁浅、沉没或被吹翻，可把万吨巨轮抛向半空或推入内陆，影响水产养殖及盐业生产，可能造成房舍和农田被淹没、人员伤亡。

重大灾害 **事件**

　　1956 年第 12 号强台风"温黛"引发特大风暴潮，浙江省象山县最高潮位达 4.7 米，一片汪洋，浙江省因灾死亡 4600 余人。

风暴潮风险隐患：

① 居住在岸边及低洼地带未及时转移的居民，可能被倒灌潮水卷走。

② 房屋建筑易被潮水冲毁或被倒灌海水淹没。

③ 海堤、道路、电力、通信、港口等基础设施可能被冲毁或损坏。

④ 海水养殖场里的生物可能被冲走或死亡。

⑤ 受风、浪、潮的共同作用，港内渔船可能相互碰撞而损坏或沉没。

03

地动山摇

（地震灾害）

地震是地球岩石层快速破裂或错动释放能量过程中产生地震波造成地表振动的一种自然现象。地震开始发生的地方称为震源，震源正上方的地面称为震中。

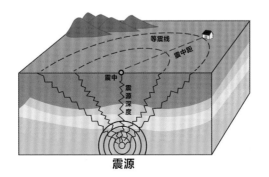

地震灾害是指由地震引起的强烈地面振动及伴生的地面裂缝和变形，使建（构）筑物倒塌和损坏，设备和设施损坏，交通、通信中断和其他工程设施等被破坏，以及由此引起的地质破坏、大火、爆炸、瘟疫、有毒物质泄漏、放射性污染等造成人员伤亡和财产损失的灾害。

1. 原生灾害

　　以房屋为主的工程结构破坏是造成地震人员伤亡和经济损失的直接原因。包括承重结构承载力不足或变形过大、建筑结构丧失整体性、地基失效、建筑场地不良等造成破坏。

（1）场地隐患

　　不利地段：活断层穿过的地段，软弱土、液化土，条状突出的山嘴，高耸孤立的山丘，陡坡，河岸和边坡的边缘，古河道，疏松的断层破碎带，暗埋的沟谷等。

　　危险地段：可能发生地质灾害，发震断层上可能发生地表错动的地方。

（2）自建房屋结构隐患

① 建筑材料不规范。

② 房屋层高过高。

③ 二层及以上局部挑出造成上下楼层之间的刚度相差较大。

④ 房屋前脸开设门窗洞口而后墙不开洞。

⑤ 房屋存在墙体裂痕。

重大灾害 **事件**

加固的教学楼成为生命的保障

在汶川 8.0 级大地震中，紧邻地震重灾区北川县城的安县桑枣中学师生无一伤亡！这要归功于深具安全意识的校长叶志平。学校筹措了 40 多万资金将一栋 20 世纪 80 年代建造的不合规的教学楼加固。震后学校有 8 栋楼都有损坏，成为危楼，而这座曾经最让人担心的教学楼却在地震后安然屹立，当时楼内有 700 多名师生正在上课。

（3）房屋二次倒塌风险

地震后疏散到室外的人员，如轻易返回室内，尤其是结构已有损坏的房屋，余震可能造成房屋二次损坏或倒塌造成伤亡。

（4）室外避险隐患

① 比较狭窄的疏散通道两旁。

② 有不稳定的物体（如易倒塌物体）。

③ 有未设置指示其位置和范围标志的地下储水池、污水井等易塌落空间。

④ 容易掉落物体（如孤立的烟囱、安装不牢固的空调室外机等）。

（5）避难场所不规范隐患

① 室外避难场地不够空旷，有不安全因素。

② 所设置的避难场地没有躲开高耸物体。

③ 避难场地紧挨着围墙。

成功避险案例

2023 年 1 月 29 日，新疆应急管理部门下发通知，要求基层信息员加强对仍**居住在房屋安全鉴定或评估为 C 级或 D 级的危房**的报送工作。1 月 30 日，**阿克苏地区沙雅县发生 6.1 级地震**。自 1 月 30 日至 2 月 9 日，阿克苏地区排查了地震及其次生灾害风险隐患 82 处，消除了 157 户 393 人身边的风险隐患。

2. 落石崩滑

地震引发的地质灾害主要包括落石、崩塌、滑坡和泥石流。

  重大灾害 事件

2022 年 9 月 5 日 12 时 52 分，四川省甘孜藏族自治州泸定县发生 6.8
级地震，死亡失踪 117 人，主要是由崩塌等次生灾害造成。

3. 堰塞湖

　　堰塞湖是地震引发河道两侧山体滑坡体或崩塌体落入河道形成拦水堤坝、河水聚集成湖的现象。随着蓄水量增多，或遇余震时，可能崩决或垮坝，威胁下游安全。

重大灾害 **事件**

　　2008年汶川大地震造成北川县城湔江上游唐家山大量山体崩塌，形成巨大堰塞湖。6月10日，堰塞湖达到最高水位743.1米，最大库容3.2亿立方米，随时可能垮坝，对北川县城地震救援军民和下游地区形成严重威胁。

4. 火灾事故

地震会造成炉火、电线短路、有毒气体泄漏、危化品爆炸以及临时用火不当等，从而引起火灾，与此伴生的是系列生产安全事故。

重大灾害 事件

1923 年，日本东京和横滨沿海发生 8.1 级大地震。一方面，地震使得炉灶翻倒、煤气管道破裂、电线短路、油库爆炸等，引起火灾；另一方面，地震又造成消防设备的破坏，自来水管断裂导致停水，加上街道本身狭窄，又被倒塌的建筑堵塞，使消防车无法进入。同时，大火把空气烤热形成大风，火借风势蔓延。最后，这两座大城市的 60 多万栋房屋被烧毁，死亡 10 万多人。

04

山崩地陷

（地质灾害）

地质灾害是指包括自然因素或人为活动引发的危害人民生命和财产安全的山体崩塌、滑坡、泥石流、地面塌陷、地裂缝、地面沉降等与地质作用有关的灾害。

1. 崩塌

崩塌是陡峻山体斜坡上的岩土块体在重力作用下向临空的方向突然脱离母体崩落、滚动、堆积在坡脚（或沟谷）的地质现象。

重大灾害 事件

1980年6月3日，湖北省远安县盐池河磷矿发生大规模崩塌，崩塌碎石流摧毁了矿务局和采矿坑口的全部建筑，造成284人死亡。

重大灾害 事件

2017年8月28日10点40分，贵州省纳雍县张家湾镇普洒社区因山体崩塌－碎屑流灾害，造成35人死亡失踪。

（1）崩塌前兆

① 崩塌山体顶部前缘不断发生掉块、坠落、小崩小塌现象。

② 崩塌山体后部出现新的裂缝。

③ 岩质崩塌前常常会发出撕裂、摩擦、错落或碾碎的声音。

2020 年 8 月 7 日 8 时，四川省绵阳市平武县江油关镇龙岩村上白岩崩塌监测员李安全在巡查时发现有少量落石，判断有垮塌风险，迅速组织大家撤离。9 时，受威胁的 13 户 24 人刚撤出来不久，隐患点发生大规模崩塌，方量约 500 方。

（2）崩塌高风险区域

① 紧邻陡峭山体建筑区域。

② 公路及房屋周边破碎岩体斜坡。

成功避险案例

2023年10月13日，湖南省邵阳市新宁县金石镇飞虎村信息员江南、县应急救援中心主任彭剑宝发现该村蓑衣塘2组（县地震台）驻地屋后**切坡有泥石滚落，多处发生渗水，并出现3条长度约20米、宽度约0.15米的连贯裂缝，裂缝下方有约15吨重的石块出现松动现象**，立即电话上报，3户9名群众及县地震台6台总价值近100万元的监测设备被成功转移。

2023年6月25日，江西省赣州市崇义县上堡乡赤水村信息员陈辉发现枫坳背组饶纲发的房屋后**山体有泥土滚落，存在裂缝**，有发生崩塌的可能，迅速上报，1户2人成功避险。

2. 滑坡

滑坡是斜坡土体或者岩体，受地震、降雨、河流冲刷、地下水活动及人工切坡等因素影响，在重力作用下，沿着一定的软弱面或者软弱带，整体地或分散地顺坡向下滑动的现象。

重大灾害 **事件**

2019年7月23日，贵州省六盘水市水城县发生山体滑坡。滑坡长1100米，宽200～600米，面积约40万平方米，体积约200万立方米。全村52人死亡失踪。6天3次强降雨，累计降雨量超过189毫米，是诱发滑坡的主要原因，公路建设切坡扰动也有一定影响。

（1）滑坡发生前兆

① 滑坡发生前坡脚处土体出现上隆或凸起现象，并形成放射状的裂缝。

② 滑坡后缘出现张性裂缝并迅速扩展。

③ 地下水发生异常变化，如干涸多年的泉水突然涌现，或者泉水突然干枯，以及钻孔或井水水位突然大幅度上升或下降。

④ 附近房屋倾斜、开裂，坡面树木植被有比较明显的倾斜，斜坡长期蠕动变形形成"马刀树"或"醉汉林"。

⑤ 滑坡前可能出现动物异常现象，如猪、狗、牛惊恐不安不入睡，老鼠乱窜不进洞等异常情况。

（2）滑坡高风险区域

① 高陡斜坡。

② 江河沟谷沿岸、水库库区山体。

③ 冰冻消融斜坡区域。

④ 强风化破碎岩体斜坡。

⑤ 地震多发地区。

⑥ 斜坡附近工程建设施工区域。

⑦ 矿区、工程等建筑区域废渣弃土堆放场。

2023年4月3日，湖北省黄石市大冶市罗家桥街道办事处大林山村信息员胡新兵发现一小区**坡体部分树木歪斜、坡面有开裂下沉现象**，立即上报，两名老人成功避险。

3. 泥石流

泥石流是指山区沟谷中或松散土覆盖的斜坡上，由暴雨、冰雪融水或库塘溃坝等水源激发，形成强大的水流将山坡上散乱的大小石块、泥土、树枝等一起冲刷到低洼地和山沟里，变成一种挟带大量泥沙、石块等固体物质的黏稠特殊流体。

（1）泥石流发生前兆

① 发生持续强降雨或短时急剧暴雨。

② 山谷沟道水位上涨迅速或者忽然中断。

③ 沟谷河水变浑浊，甚至夹杂野草、树枝等杂物。

④ 沟谷远处有沉闷的轰鸣声。

⑤ 动物异常，可能会出现惊恐不安、不入圈窝、老鼠乱窜等现象。

（2）泥石流高风险区域

降雨尤其长时间降雨后出现短时强降雨条件下，需重点关注紧邻狭窄沟谷谷底区域。

2023年6月28日，新疆维吾尔自治区阿克陶县阿克达拉牧场管理服务中心干部吴银亮**发现部分村民房屋出现水体倒灌，有遭受泥石流灾害的可能**，迅速上报，成功避免2个村435人伤亡。

4. 地面塌陷

　　地面塌陷是自然或人为原因造成地表岩、土体向下陷落，并在地面形成塌陷坑（洞）的一种突发性地质灾害，可分为岩溶地面塌陷和采空地面塌陷。

（1）地面塌陷前兆

① 地面出现快速差异性下沉，周围有环状开裂或者弯曲状地裂缝。

② 泉、井水水位出现骤然升降，水的颜色突发浑浊或有翻砂、冒气现象。

③ 地面突然出现积水洼地等。

（2）地面塌陷高风险区域

① 矿产、油气等开采形成地下采空区或石灰岩地区地下水位快速下降的区域。

② 岩溶地貌（喀斯特）区域，地下有较为发育的溶洞、空洞。

③ 地震多发地区，有地震波作用。

重大灾害事件

2021 年 8 月 30 日，山东省济宁市邹城市西章前村附近发生地面塌陷。该村是兖州煤矿主矿区，地下很多地方被挖空，导致塌陷时有发生。

重大灾害事件

2012 年 1 月，湖南省益阳市岳家桥镇发生大面积岩溶塌陷。塌陷 693 处，其中农田塌陷 537 处，河溪塌陷 150 处，水库内塌陷 6 处。引起房屋开裂 167 户，破坏河溪拦坝 5 座、水库 2 座，致使河水断流。

成功 避险案例

2023 年 9 月 13 日，湖南省衡阳市祁东县永昌街道干部李思鹏、尚书村书记彭优良以及信息员陈祁东**发现村民彭成龙家的房屋东侧地基有异响并伴有尘土飞扬，判断可能存在地面塌陷隐患**，立即组织转移，4 户 8 人成功避险。

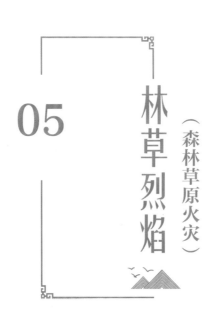

05

林草烈焰（森林草原火灾）

火，触发了人类文明。然而，一旦失去控制，火会反噬文明成果，给生命财产、自然生态和经济社会发展造成巨大灾害，甚至引发重大生态灾难和严重社会危机。

1. 森林火灾

森林火灾是指失去人的控制，在林地内蔓延和扩展，对森林资源和人类生命财产造成一定危害和损失的林火燃烧现象。

按燃烧部位，林火通常可划分为地下火、地表火和树冠火3种类型。

△森林火险预警信号

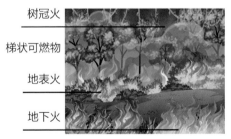

△林火的类型

引发森林火灾的火源包括人为和自然两种。人为火源是由人类活动引发火灾的主要火源，约占我国森林火灾总数的 95% 以上，自然火源主要是雷击等。

（1）森林火灾危险环境判断

① 观火势

　　燃烧火线上的火舌旋转、跳跃，并向上窜；平均火焰高度快速发展为1.5米以上，平均火墙厚度瞬间发展变化在1.5 ～ 3米以上。

② 看烟势

　　浓烟激烈翻卷向上，烟色黄黑伴暗红，下黑中黄上部白，烟迹形似蘑菇云。

③ 听声变

远听闷雷轰鸣，近听噼啪声响。

④ 看周边

瞬间烟尘弥漫，近物 10 米难辨；风向不稳多变，风力加大有旋，空中火星飞舞，身边炭灰飘落。

⑤ **身感受**

胸闷气短，呼吸困难，热浪扑脸。

（2）引发森林火灾的自然因素

① **气温：连续高温和干旱天气易引发森林火灾。**

重大灾害 事件

1987 年春，大兴安岭北部林区因长期干旱，发生了我国最大的森林火灾，共造成 211 人死亡、266 人受伤。

大火烧毁多个林场，桥梁 67 座，铁路 9.2 千米，输电线路 284 千米，房屋 6.4 万平方米，粮食 325 万千克，各种设备 2488 台。

② 风：风向决定燃烧蔓延的方向和火场形状，风力直接影响火场上氧气的供给、热量的传递、可燃物的干燥和预热情况。大风往往是造成大面积火灾的重要原因。

③ 地形：南坡和陡坡可燃物易干燥、易燃。

（3）重点部位、重点人群及风险隐患

① 防火紧要期，坟头、地边、林缘、路边、隔离带等地段，野外火源或可疑人员进入林区。

② 车辆及人员携带火源进山。

③ 林区周边存在上坟烧纸、烧荒、吸烟、露营野炊、燃放烟花爆竹等用火行
为，疑似浓烟和火光出现。

④ 精神障碍患者、孩童等重
点人群玩火。

⑤ 森林防火隔离带设置不规
范，不符合标准或者有可
燃物未清除。

⑥ 林区设施、管线安全性不高，如存在电线裸露漏电等情况。

⑦ 边境地区林火。

森林防火『十不准』

1. 不准携带火种进山、进林区。
2. 不准炼山造林、烧荒烧垦、烧荒积肥、烧田埂地边杂草。
3. 不准在林区内上坟烧纸、烧香、点蜡烛、燃放鞭炮。
4. 不准擅自在林区进行烧蜂、烧蚂蚁、烧火驱兽和射击、爆破等易燃作业。
5. 不准精神障碍患者、失智病患、小孩进入林区玩火。
6. 不准在林地吸烟、野炊、烤火、打火把照明。
7. 不准在林区内从事野营、旅游、祭祀、庙会等活动时用火。
8. 不准擅自进入林区进行挖掘、运输等生产作业。
9. 不准破坏森林防火宣传牌、瞭望台(哨)。
10. 不准见火不报、不救。

成功避险案例

2022 年 10 月 23 日，浙江省杭州市临安区青山湖街道庆南村信息员赵成国**发现有浓烟和火光出现**，立即拨打报警电话，成功阻止了火灾的发生，保护了周边 13 户 34 名群众（多为留守老人、儿童）。

2. 草原火灾

草原火灾是指在失控条件下发生发展，并给草地资源、畜牧业生产及其生态环境等带来不可预料损失的草地可燃物（牧草枯落物、牲畜粪便等）的燃烧行为。

草原火灾风险隐患特征类似森林火灾，不再赘述。

06

风雨雷雹

（风雹灾害）

强对流天气是指发生突然、移动迅速、天气剧烈、破坏力极大的灾害性天气，主要有短时强降水、大风、冰雹、雷暴、飑线、龙卷风等。

△大风预警信号

△雷电预警信号

△冰雹预警信号

强对流天气往往几种类型同时出现，特别是短时强降水、大风、冰雹、雷暴等，形成风雹灾害。

1. 大风

　　大风指风力达到或超过 8 级（≥ 17.2 米 / 秒）的天气现象，其中龙卷风是一种极端大风，风力可达 12 级以上，破坏力极大。大风和短时强降水常常伴随出现。

（1）简易临时搭建物

① 广告牌、棚架、围板等临时简易构筑物或临时搭建物，如遭遇大风，可能被吹落甚至吹飞，砸伤人员。

② 施工工地部分设备设施可能会被大风损坏。

③ 家庭室外物品，如花盆，未放置妥当，容易被风吹落伤人。

（2）树木

路边枝繁叶茂和根系不深的树木有倒伏断枝风险。

（3）户外活动

① 一些大型户外活动在大风来临之际仍然举办，且人员密集，风险隐患大。

② 施工工地仍在工作，仍有人在高大建筑物、临时搭建物和简易构筑物旁停留。

重大灾害 **事件**

2021年5月22日，黄河石林山地马拉松百公里越野赛暨乡村振兴健康跑在甘肃省白银市景泰县黄河石林大景区举行，比赛期间遭遇突发降温、降水、大风的高影响天气，造成21名参赛选手死亡、8人受伤。

（4）交通电力

① 车辆停放位置不当易遭灾。

② 海上船只不及时回港避风，存在风险。

③ 江河航船遭遇大风天气，也存在较大风险。

④ 风雨交加期间，存在电力设施损毁，影响电网运行的安全隐患。

2. 冰雹

　　冰雹是冰晶或雨滴在对流的积雨云中翻滚凝聚而降落的固体降水。常见大小如绿豆、黄豆，大的如鸡蛋（直径约 10 厘米），特大的可达 30 厘米以上。

可能存在的隐患风险：

① 砸毁汽车玻璃。

② 砸伤行人，甚至威胁人的生命安全。

③ 自建和临时简易建筑，顶棚、屋顶和门窗等暴露在冰雹影响部位。

④ 交通运输、工业、通信、电力和输变电线路等方面，也存在不同程度风险隐患。

3. 雷暴

雷暴是阵发性短时灾害性天气过程，出现范围较小、时间较短，但来势猛、强度大。

重点人群

雷雨天农田劳作人员、野外停留人员等。

重点部位

山上建筑物，如缺少避雷针，容易遭受雷击。

薄弱环节

危化品生产、存储、运输和传输等设施和原始林区，容易发生雷击爆炸和火灾。

重大灾害 事件

2022 年 5 月 7 日下午 3 时，云南省曲靖市富源县大河镇脑上居委会境内发生一起雷击事件，导致野外田间劳作村民 1 死 3 伤。

重大灾害 事件

1989 年 8 月 12 日上午，山东省青岛市黄岛油库 5 号储罐遭雷击，引发大爆炸，罐内储存的上万吨原油烈焰冲天，高达 100 多米，高温相继引爆 4 个油罐，造成 19 人死亡、100 多人受伤。

重大灾害 事件

2007 年 5 月 23 日下午，重庆市开县义和镇兴业村小学教室多次遭受雷电闪击，直接击中教室金属窗，由于未做接地处理，造成靠近窗户的 7 名学生死亡、44 名学生受伤。兴业村小学位于一个山包上，位置突出，周围有水田水塘，教室前面种有大树，种种因素增加了雷击事故发生的概率。

07

大雪纷飞（低温冷冻和雪灾）

雪是天空中的水汽经凝华而形成的固态降水。分为 7 个等级。

降雪等级	12 小时降水量（毫米）	24 小时降水量（毫米）
微量降雪（零星小雪）	< 0.1	< 0.1
小雪	0.1 ~ 0.9	0.1 ~ 2.4
中雪	1.0 ~ 2.9	2.5 ~ 4.9
大雪	3.0 ~ 5.9	5.0 ~ 9.9
暴雪	6.0 ~ 9.9	10.0 ~ 19.9
大暴雪	10.0 ~ 14.9	20.0 ~ 29.9
特大暴雪	≥ 15.0	≥ 30.0

△降雪量等级划分

△暴雪预警信号

低温冷冻和雪灾是指低温、寒潮、冰冻、霜冻、暴雪、冻雨等天气引发大范围积雪、结冰现象，形成影响生产生活的自然灾害，直接或间接威胁人民群众生命安全，造成农、林、牧、渔业等遭受重大损失，对重要基础设施和能源保供产生重大影响，导致大范围交通中断、停电、停气等。

1. 低温雨雪冰冻

（1）道路积雪结冰

道路积雪、结冰容易造成交通事故、行人滑倒等，导致人员和财产损失。

① 车辆在红绿灯处反复启动、停下造成红绿灯处路面湿滑易结冰。

② 暴风雪时道路能见度差。

③ 立交桥附近坡形路段、隧道出入口结冰。

④ 高速公路、飞机跑道、停机坪大量积雪结冰。

⑤ 积雪结冰导致树木折断，可能影响通行。

（2）建构筑物垮塌

① 大棚、临时工棚、畜舍等临时性建构筑物因积雪重压易垮塌，砸伤人员。

② 厂房、加油站、食堂、菜市场等钢结构房屋，因跨度大、部分未按标准设计、材料质量不过关等原因，可能会发生垮塌。

（3）能源保供压力

① 电力设施发生线路和输变线铁塔覆冰、结冰（雨凇）现象，压塌高压线、冻裂输电管线，造成供电中断。

② 城市供水、供气、供热系统因低温雨雪冰冻天气中断，可能严重影响日常生活。

"雪崩时，没有一片雪花是无辜的"。

2. 雪崩

雪崩是指山坡积雪在重力驱动下失稳，沿着地表或者雪层脆弱层整体或分散地沿山坡向下滑动，发生崩滑塌的自然现象。

雪崩具有潜在性、突发性、难以预测性、破坏力巨大等特点。

雪崩	雪崩	雪崩	雪崩
警报级	警戒级	警示级	注意级

△雪崩预警信号

（1）雪崩易发生的地形地貌

① 许多雪崩的始发区坡度都在 30°～ 45°之间。

② 地表植被稀疏的斜坡或沟槽。

③ 有非自然倒伏树木区域。

（2）雪崩的诱发因素

>>> 降雪

重大灾害 事件

　　2023 年 1 月 17 日 19 时 50 分左右，西藏自治区林芝市米林县派镇至墨脱县的派墨公路多雄拉隧道出口处（墨脱方向）突发雪崩。雪崩堆积于多雄拉河右岸，形成长约 3 千米、宽约 1.3 千米、平均厚度约 2 米的雪崩堆积体，积雪最深处近 3 米，总方量约 780 万立方米。雪崩导致大量人员和途经车辆被埋被困，经事后统计，灾害共造成 28 人死亡、6 人受伤。

>>> 温度剧增

重大灾害 事件

2023 年 4 月 7 日，紧邻中国边境的印度北阿坎德邦查莫利地区尼蒂河谷因温度上升发生雪崩，造成 10 人死亡、36 人失踪。

>>> 地震

重大灾害 事件

2020 年 1 月 2 日，新疆维吾尔自治区新源县 4.0 级地震诱发巩乃斯河谷大范围雪崩，造成 G218 国道瘫痪。

>>> 声波

重大灾害 事件

成书于 646 年的《大唐西域记》记载：大唐高僧玄奘穿越天山木札特达坂时就记录"山谷积雪，春夏含冻，由此路着，不得赭衣持瓠大叫。微有违犯，灾祸立见"（意指强烈的声波能够诱发灾难性雪崩），"其凌峰摧落，横路侧着或百尺，或广数丈。遇者丧没，难以全生"（对雪崩堆积体和危害的描述）。

大唐西域记

（3）雪崩危险的前兆

①入冬期持续强降雪。

对于雪崩频发区，一般三日内降雪雪深阈值超过 35 厘米，雪崩危险处于红色警戒状态。

②隆冬期积雪变质后降雪。

1—2月雪深达到 60 厘米，中底部雪呈现砂糖化，只要有新的降雪，风险就会很快提升。

③隆冬期的强风。

当风速超过 6 米/秒，极易发生雪崩。

④初春降雪过后强光照的晴天。

是雪崩活动最为频繁的时期，最好不要出行。

⑤山坡出现大量滚雪球。

意味着山坡积雪极不稳定，极易发生雪崩。此外，山坡雪场出现裂缝，也是雪崩危险的前兆。

⑥初春雨夹雪。

降雨增加山坡积雪的重量，并且会破坏雪晶体之间的链接。

⑦山坡出现滑动积雪堆积。

山坡积雪受到下方积雪的阻滞停留在半山腰，并未全部释放至山的底部，会产生更大规模的雪崩。

⑧山顶出现轰隆声。

积雪极不稳定，雪崩始发区已经出现积雪滑落和流动，雪崩风险极高。

灾害风险隐患"早发现"之后的"早报告"，可以为当地防范应对自然灾害赢得时间、赢得主动，也能为上级开展风险研判提供线索。通过本部分的学习，希望你努力成为最美"吹哨人"，报告贵在一个"早"字，遵循特定流程，第一时间用手机小程序初报后不断更新续报，重点是拍照、描述特征，确定类型、位置、时间等。

叁

拍

灾害风险隐患『早报告』

01

最美 吹哨人

发现灾害风险隐患后，第一时间上报信息，可以争取上级支持，有利于把握抢险救援最佳时机，最大限度减少人员伤亡和财产损失。

每个人都可以成为身边灾害风险隐患的发现者，救人性命，助力避险。灾害风险隐患信息报送队伍主要由村级信息员和乡镇级以上管理人员组成。

1. 信息员

自然灾害风险隐患信息报送员的简称，主要负责灾害风险隐患的发现识别和报送。目前以村级灾害信息员为主，与当地网格员、山洪灾害监测员、地质灾害群测群防员、巡堤查险员、气象信息员、地震宏观观测员、生态护林员和安全员等人员相互配合，社会公众作为补充力量。

2. 管理员

乡镇、县、市、省、部等五级管理人员的统称，每级都设有联络员、协调员和协理员等。其中：

联络员	协调员	协理员
开展灾害风险隐患信息和典型案例的处理、报送等具体工作	开展风险隐患信息报送工作的协调管理或风险隐患的先期指挥处置	协助开展灾害风险隐患信息报送相关工作

3. 通报表扬

2022年9月至2023年12月，全国各地共发掘成功避险避灾案例91个，主要得益于信息员的早发现、早报告，乡镇（街道）人民政府和县级应急管理部门的早处置，更得益于县级以上联络员和协调员的组织联络和指导协调。这些典型案例及其背后的300个单位以及乡村基层一线的210位同志得到及时通报表扬，被自媒体和主流媒体及时宣传或主动转载，取得良好社会反响。在此，特别表扬村级信息员，他们是百姓心中的"最美吹哨人"。

2022 年 9 月—2023 年 12 月成功避险避灾典型案例情况

1　2022.9.15
湖北省黄石市大冶市罗家桥街道金桥村
森林火灾
吹哨人：陈寿

2　2022.9.15
湖北省黄冈市武穴市刊江街道魏垸社区
森林火灾
吹哨人：崔晓妹

3　2022.10.16
湖北省十堰市竹溪县丰溪镇西米河村
滑坡灾害
吹哨人：马林涛

4　2022.10.23
浙江省杭州市临安区青山湖街道庆南村
森林火灾
吹哨人：赵成国

5　2022.11.11
湖北省咸宁市通山县大畈镇下杨村
滑坡灾害
吹哨人：刘大芳

6　2023.1.29
江苏省徐州市睢宁县桃园镇刘楼村
森林火灾
吹哨人：吴晓亮

7　2023.2.1
新疆维吾尔自治区阿克苏市新和县依其艾日克镇托特塔什村
地震次生灾害
吹哨人：亚森·伊米提

8　2023.2.1
浙江省嘉兴市海盐县望海街道双桥村
洪涝灾害
吹哨人：王微

9　2023.3.3
浙江省杭州市桐庐县莪山畲族乡新丰民族村
森林火灾
吹哨人：朱梨军

10 2023.3.13
浙江省衢州市江山市峡口镇峡新村
森林火灾

吹哨人：
毛慧芬

11 2023.3.28
浙江省杭州市桐庐县分水镇百岁坊村
崩塌灾害

吹哨人：
曾南飞

12 2023.4.3
湖北省黄冈市大冶市罗家桥街道大林山村
滑坡灾害

吹哨人：
胡新兵

13 2023.4.4
浙江省杭州市西湖区留下街道
火灾

吹哨人：
徐 建

14 2023.4.13
浙江省丽水市缙云县东渡镇株树村
崩塌灾害

吹哨人：
杜陈强

15 2023.4.21
甘肃省陇南市武都区安化镇槐树下村
滑坡灾害

吹哨人：
李志锋

16 2023.4.25
重庆市忠县忠州街道新桥社区
地质灾害

吹哨人：
汪 凯

17 2023.5.4
江西省宜春市铜鼓县大沩山林场
洪涝灾害

吹哨人：
兰海洪

18 2023.5.21
湖南省衡阳市衡阳县库宗桥镇小源村
滑坡灾害

吹哨人：
刘景付
左友良

19 2023.5.25
福建省三明市将乐县黄潭镇
滑坡灾害

吹哨人：
游昌盛

20	**2023.5.26**	吹哨人：
	湖北省恩施土家族苗族自治州鹤峰县走马镇李桥村 滑坡灾害	吴光奎
21	**2023.6.3**	吹哨人：
	江西省赣州市大余县吉村镇民主村 崩塌灾害	黄宗鹏
22	**2023.6.20**	吹哨人：
	湖南省长沙市望城区铜官街道袁家湖社区 滑坡灾害	莫思臻、姚全 周路
23	**2023.6.21**	吹哨人：
	江西省吉安市安福县洋溪镇塘里村 洪涝灾害	郁钊珍
24	**2023.6.23**	吹哨人：
	福建省南平市浦城县水北街镇新桥村 洪涝灾害	叶培水
25	**2023.6.24**	吹哨人：
	福建省泉州市晋江市磁灶镇岭畔村 滑坡灾害	吴碧梅
26	**2023.6.25**	吹哨人：
	江西省赣州市崇义县上堡乡赤水村 崩塌灾害	陈辉
27	**2023.6.25**	吹哨人：
	湖南省郴州市安仁县乐江镇城西社区 滑坡灾害	张文华
28	**2023.6.26**	吹哨人：
	重庆市石柱土家族自治县中益乡全兴村 滑坡灾害	余善
29	**2023.6.28**	吹哨人：
	新疆维吾尔自治区克孜勒苏柯尔克孜自治州阿克陶县 阿克达拉牧场 泥石流灾害	吴银亮

30 2023.7.3
河南省南阳市南召县留山镇黄楝村
山洪灾害

吹哨人：
张新浩
李同心

31 2023.7.3
上海市嘉定区南翔镇华猗社区
风雹灾害

吹哨人：
曹向阳

32 2023.7.7
贵州省毕节市金沙县西洛街道
洪涝灾害

吹哨人：

33 2023.7.7
湖南省张家界市桑植县洪家关乡龙凤塔村
滑坡灾害

吹哨人：
张东芳

34 2023.7.18
湖南省湘潭市雨湖区先锋街道先锋村
洪涝灾害

吹哨人：
田帅永

35 2023.7.19
湖南省永州市东安县大庙口镇大坳村
滑坡灾害

吹哨人：
陈年林

36 2023.7.23
湖南省湘潭市湘乡市棋梓镇水府村
洪涝灾害

吹哨人：
李国平

37 2023.7.25
湖南省张家界市桑植县八大公山镇箐箕池村
崩塌灾害

吹哨人：
唐纯鄂

38 2023.7.26
四川省自贡市沿滩区兴隆镇光辉村
滑坡灾害

吹哨人：
曾稳彬、黄典彬
陈利鑫

39 2023.7.26
湖南省张家界市桑植县马合口白族乡梭子丘村
滑坡灾害

吹哨人：
刘洪波
刘开亮

40 2023.7.27
浙江省温州市文成县大峃镇东桂村
地质灾害

吹哨人：
王建林

41 2023.7.27
浙江省台州市黄岩区平田乡青龙岗村
台风灾害

吹哨人：
刘建生

42 2023.7.28
福建省泉州市晋江市磁灶镇磁灶社区
台风灾害

吹哨人：
赖燕婷、吴信金
吴碧梅、刘智坚

43 2023.7.28
福建省泉州市惠安县涂寨镇南埔村
台风灾害

吹哨人：
卢素环

44 2023.7.28
福建省泉州市惠安县螺城镇霞园社区
台风灾害

吹哨人：
庄伟华、庄锡昆
陈小群

45 2023.7.28
湖南省长沙市天心区南托街道欣南社区
滑坡灾害

吹哨人：
谭卓

46 2023.7.31
北京市顺义区木林镇贾山村
洪涝灾害

吹哨人：
黄海宝

47 2023.8.1
河南省新乡市卫辉市顿坊店乡后稻香村
洪涝灾害

吹哨人：
马全印

48 2023.8.2
湖南省长沙市长沙县星沙街道凉塘路社区
洪涝灾害

吹哨人：
易磊

49 2023.8.7
云南省怒江傈僳族自治州泸水市鲁掌镇三河村
山洪灾害

吹哨人：
杨成

50 **2023.8.14**

湖南省长沙市浏阳市沙市镇桃源村

滑坡灾害

吹哨人：

王体志

51 **2023.8.27**

湖南省张家界市桑植县芙蓉桥白族乡芙蓉桥村

洪涝灾害

吹哨人：

王亚婕、 王芳

王咏梅、 钟苗伴

52 **2023.8.27**

湖南省张家界市桑植县桥自弯镇松柏村

山洪灾害

吹哨人：

陈兆旭

53 **2023.8.27**

湖南省张家界市桑植县凉水口镇张家塔村

洪涝灾害

吹哨人：

袁二明

李成云

54 **2023.9.5**

福建省泉州市台商投资区东园镇阳光社区

洪涝灾害

吹哨人：

陈志彬

55 **2023.9.6**

福建省泉州市安溪县剑斗镇福斗村

滑坡灾害

吹哨人：

翁坤海、 黄文法

王宝银

56 **2023.9.7**

福建省泉州市丰泽区清源街道环山社区

地面塌陷

吹哨人：

林志伟

庄严慎

57 **2023.9.11**

湖南省长沙市开福区四方坪街道滨江社区

城市内涝

吹哨人：

吴杰

58 **2023.9.11**

湖南省益阳市赫山区新市渡镇自搭桥村

滑坡灾害

吹哨人：

李世忠

59 **2023.9.11**

湖南省益阳市安化县田庄乡笔锋村

山洪灾害

吹哨人：

蒋秋生

蒋文芬

60	2023.9.12	吹哨人:
	湖南省长沙市宁乡市黄材镇月山村 滑坡灾害	姜小红

61	2023.9.13	吹哨人:
	湖南省衡阳市祁东县永昌街道尚书村 地面塌陷	李思鹏、彭优良 陈祁东

62	2023.9.20	吹哨人:
	湖北省恩施土家族苗族自治州咸丰县唐崖镇龙潭坝村 洪涝灾害	张 俊

63	2023.9.21	吹哨人:
	湖南省岳阳市湘阴县洋沙湖镇大中村 滑坡灾害	王银广

64	2023.9.24	吹哨人:
	浙江省丽水市青田县仁庄镇小令村 森林火灾	徐超民

65	2023.9.26	吹哨人:
	重庆市奉节县长安土家族乡九里社区 崩塌灾害	向光明

66	2023.9.28	吹哨人:
	四川省巴中市通江县空山镇龙池村 滑坡灾害	杨仕明

67	2023.10.6	吹哨人:
	陕西省安康市紫阳县高滩镇三坪村 滑坡灾害	吴远洪 周吉明

68	2023.10.9	吹哨人:
	重庆市巫山县铜鼓镇水流村 滑坡灾害	王安然

69	2023.10.13	吹哨人:
	陕西省宝鸡市渭滨区高家镇胡家山村 滑坡灾害	胡召录 唐继生

70 **2023.10.13**
湖南省邵阳市新宁县金石镇飞虎村
崩塌灾害

吹哨人：
江 南
彭剑宝

71 **2023.10.13**
湖南省湘西土家族苗族自治州永顺县石堤镇石堤社区
崩塌灾害

吹哨人：
姜述文、肖少君
李 欣

72 **2023.10.18**
浙江省杭州市建德市莲花镇齐平村
森林火灾

吹哨人：
汪文瑶

73 **2023.10.19**
湖南省衡阳市南岳区南岳镇延寿村
崩塌灾害

吹哨人：
延长庚

74 **2023.10.25**
浙江省丽水市青田县高湖镇灾桐川村
森林火灾

吹哨人：
叶伯长

75 **2023.10.26**
湖南省娄底市涟源市金石镇江边村
滑坡灾害

吹哨人：
王希红

76 **2023.10.31**
浙江省台州市黄岩区上郑乡蒋东岙村
森林火灾

吹哨人：
戴杨芬
程红第

77 **2023.11.2**
湖南省长沙市开福区沙坪街道竹安村
森林火灾

吹哨人：
李 强

78 **2023.11.7**
浙江省嘉兴市海盐县通元镇丰义村
森林火灾

吹哨人：
陈克斐

79 **2023.11.7**
浙江省宁波市鄞州区邱隘镇汇头村
森林火灾

吹哨人：
夏金梁

80 **2023.11.17**
福建省泉州市石狮市蚶江镇莲塘村
森林火灾

吹哨人：
蔡明栋

81　**2023.10.26**
福建省泉州市丰泽区华大街道城东社区
森林火灾

吹哨人：
陈夏琳

82　**2023.9.5**
福建省泉州市石狮市湖滨街道林边社区
地面塌陷

吹哨人：
王文胜

83　**2023.11.13**
湖南省怀化市中方县中方镇板山场村
滑坡灾害

吹哨人：
杨雨臻

84　**2023.11.11**
湖南省衡阳市常宁市水口山镇三香村
滑坡灾害

吹哨人：
余家辉

85　**2023.11.9**
湖南省长沙市宁乡市坝塘镇坝塘社区
风雹灾害

吹哨人：
张辉乾

86　**2023.11.28**
福建省泉州市晋江市西园街道大丁山区域
森林火灾

吹哨人：
张子军

87　**2023.11.15**
福建省泉州市晋江市深沪镇华山村
森林火灾

吹哨人：
施少荣

88　**2023.11.3**
湖南省邵阳市绥宁县长铺子乡党坪村
森林火灾

吹哨人：
陈开甲

89　**2023.11.19**
湖南省长沙市长沙县黄兴镇打卦岭村
森林火灾

吹哨人：
章宇文

90　**2023.11.21**
湖南省常德市石门县皂市镇天鹅山村
森林火灾

吹哨人：
徐年华

91　**2023.11.25**
湖南省长沙市浏阳市枨冲镇平息村
森林火灾

吹哨人：
宋水源

02

兵贵神速

和循序渐进

灾害风险隐患信息报送包括信息报送和典型案例报送，二者都需遵循一定的报送原则和报送流程，典型案例的选取还需满足一定的条件。

1. 信息报送

（1）报送原则

 一定
要第一时间上报风险隐患信息，采取一切可能的措施获取信息，不分白天或夜间、上班或休息时间。

大概
关键信息要尽量报送，力争做到不遗漏，为相关部门应急处置工作的顺利开展提供支撑。

尽量
要尊重客观事实，真实反映灾害风险隐患的本来面貌，避免道听途说、杜撰造谣，既不隐瞒缩小，也不肆意夸大。不把握、不确定的信息要注明。

（2）报送流程

初 报 首次报送。发现灾害风险隐患后，第一时间报送，不求信息全面。

续 报 对已上报的信息进行持续更新报送，包括灾害风险隐患的发生发展情况、处置情况等相关信息。可多次更新续报。

灾害风险隐患信息报送流程图

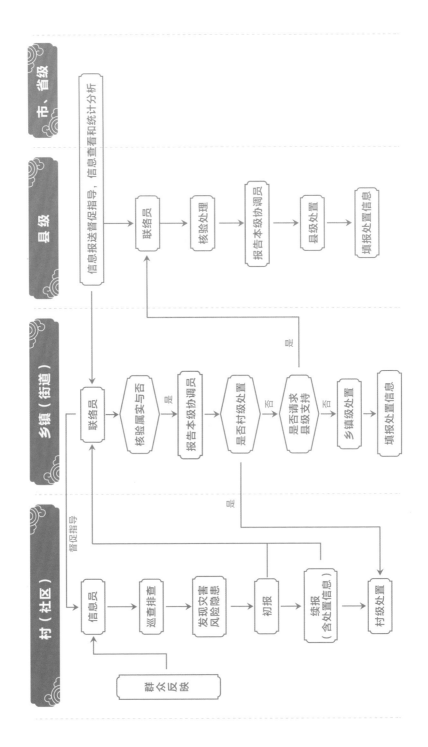

2. 典型案例报送

（1）报送条件

① 有明确自然灾害风险隐患事实，征兆或前兆较为明显。

② 灾害风险隐患具有即时危险性，可能造成人员伤亡或财产损失。

③ 灾害风险隐患被及时发现上报。

④ 采取针对性处置措施有效避免人员伤亡或财产损失。

（2）报送原则

灾害风险隐患应急处置完毕后，要及时总结整理成功避险避灾典型案例，第一时间向上级报送，并视情进行宣传报道。

典型案例必须是真实发生的，不可弄虚作假、沽名钓誉。

重 发现

案例中要包括早发现、早报告、早处置三个环节，特别要重视基层一线信息员发现判断并报告灾害风险隐患的过程，不可满篇都是应急处置工作。

（3）报送流程

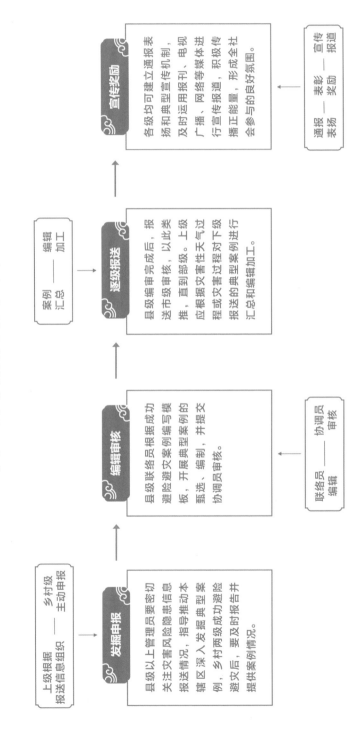

典型案例报送流程图

发掘申报

县级以上管理员要密切关注灾害风险隐患信息，指导推动本辖区深入发掘典型案例，乡村两级成功避险避灾后，要及时报告并提供案例情况。

上级根据报送信息组织 —— 乡村级主动申报

编辑审核

县级联络员根据成功避险避灾案例编写模板，开展典型案例的甄选、编制，并提交协调员审核。

联络员编辑 —— 协调员审核

逐级报送

县级编审完成后，报送市级审核，以此类推，直到部级。上级可根据灾害性天气过程或灾害过程对下级报送的典型案例进行汇总和编辑加工。

案例汇总 —— 编辑加工

宣传奖励

各级均可建立通报表扬和典型宣传机制，及时运用报刊、电视、广播、网络等媒体进行宣传报道，积极传播正能量，形成全社会参与的良好氛围。

通报表扬 —— 表彰奖励 —— 宣传报道

成功避险避灾典型案例
编 写 模 板

【**标题**】发生地点＋"发生时间编号"＋灾害类型＋成功避险避灾案例，地点建议具体到县（市、区）（重大自然灾害或者影响范围大的灾害，可具体到市或省），发生时间为月日模式，灾害类型具体到具体灾种，如四川省木里县"6·9"泥石流灾害成功避灾案例。

【**基本情况**】归纳灾害风险隐患早发现、早报告、早处置经过，包括时间、地点、任务、过程等要素，提炼成功转移避灾避险效果，文字应简要、准确、严谨（约100字）。

【**早发现早报告经过**】需准确论述灾害征兆、灾害风险隐患早发现早报告过程，应当层次清楚、重点突出、详略得当、简明扼要、通俗易懂（约300字）。

【**早处置经过**】早处置经过论述从传播风险信息、竖立警示牌、避险避灾转移等方面阐述。成功效果需从后续自然灾害发生情况、可能损失、成功避险、成功减少损失等方面描述（约300字）。

【**事件结果**】从成功避险避灾的户数、人数，避免减少的损失，事件原因等方面论述（约100字）。

【**案例评析**】重点围绕案例的灾害特点、灾害风险隐患发现和避险的重要性，从工作组织、工作开展、工作成效和工作经验等方面，充分阐明案例的指导启示价值（约200字）。

【**附件**】主要为照片和表格等，其中照片包括风险隐患现场照片、避灾避险照片、工作组织照片、工作开展照片等。

03

风险隐患 随手拍

对于村级信息员来说，使用手机微信小程序即可报送身边的灾害风险隐患信息，其中的关键是要掌握一些文字描述规则和简单的拍照技巧。

1. 报送工具

（1）入口登录

信息员在微信页面搜索"灾害风险隐患信息报送"小程序登录。用户名为个人手机号，初始密码已设置。

（2）首页展示

信息分类管理，包括"全部""待核处""已核处""不属实"4类。点击右上角"▽"，出现筛选条件，可对多条信息进行检索查询。

上报信息后首页会以图文形式显示，点击可查看详细信息。

点击首页下方中间"+"图标，进入信息初报页面。

（3）初报续报

可上传照片或视频，拍摄照片一定要清晰，尽量多拍几张，要尽量反映风险隐患整体和细节情况。

请描述您所发现的灾害风险隐患情况。具体包括：详细点位、具体类型、可能会造成怎样的损失或影响（比如影响多少人、多少户、多少房屋等）、紧迫性如何。

选择灾害风险隐患种类，包括大类及子类型。

默认当前所在位置（需打开网络和手机定位），第一行"所在地区"定位当前所在行政区划（包括省市县三级），第二行"详细地址"可根据实际情况手动修改，目的让乡镇级人员看到后准确到达，不走弯路。

默认填写当前日期和时间，如不符，可改写。

默认选择"否"，紧急情况下，改选"是"，将在报出的同时通过短信或电话通知上级。

建议填写完毕后，快速报出。

点击可保存信息，保存至"个人中心"的"草稿箱"，可继续编辑修改并报出信息。

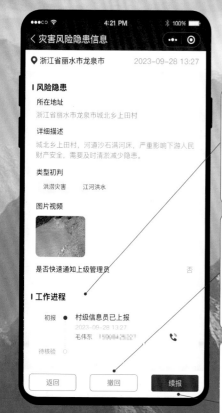

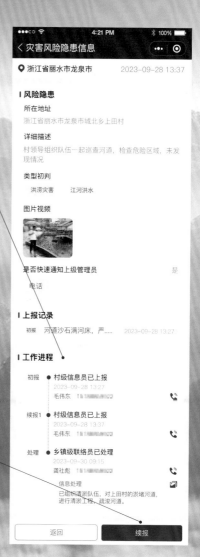

显示对每次报送信息办理的工作进程，还包括办理时间、人员、联系方式和主要意见。

信息报出后，上级管理员未核验，短时间内可选择撤回（到草稿箱）修改后再上报。

可多次新增续报，在初报或最新续报基础上，进一步完善信息。操作步骤和注意事项同初报。

（4）个人中心

个人信息：查看个人姓名、单位、手机、办公电话、职务、权限等信息。

待办提醒：接收上级发送的上报信息提示。

学习资料：查看视频、文档等工作资料。

退出登录：更新账号时使用。

草稿箱：填报信息过程中临时保存的未上报信息或已撤回信息。

意见反馈：反馈对系统及工作的意见建议。

业务培训：开展培训报名、培训视频观看、结业测试、相关资料下载等。

2. 文字描述

（1）洪涝灾害

初 报 巡查发现护坡上有裂缝、渗水严重、有砖块滑落，判断护坡有坍塌风险，撤离护坡下村民住户。

续报1 护坡大面积坍塌，围墙出现大裂缝，裂缝处有大量水涌出。为防止水冲刷和浸泡坡内土体造成更大面积坍塌，现场工作人员冒雨安装了导水管排出积水。

续报2 镇村两级防汛抢险队伍紧急在护坡上下两端拉起警戒线，采取临时防护措施，并在周边 100 米范围内建立围挡，设立警示牌，防止发生次生灾害和人员进入。还安排专门人员 24 小时值守，并通过大喇叭广播在村内反复宣传，提示车辆和人员不要靠近。

（根据北京报送案例改编）

（2）台风灾害

初报 巡查发现景杉路 692 号对面烘焙店平房顶部广告牌破损锈蚀严重，如遇大风天气存在高空坠物安全隐患。

续报 处置完毕。

（根据浙江报送案例改编）

（3）地震灾害

初 报

某镇某村因为地震滑坡，道路中断，威胁来往车辆和行人安全。

续报1

山体出现新的裂缝，存在滑坡进一步滑动风险，威胁车辆和行人安全。

续报2

政府部门已经安排工程机械清理滑坡落石。

（4）地质灾害

初报

雨前排查中，发现居民屋后有少量土石滑落、斜坡上个别树木倾斜，考虑到该房屋临崖临坡、属削坡建房，有滑坡风险。

续报1

区里通报多地不在册隐患点地质灾害致人伤亡事件，周边2户8人提前转移避险。

续报2

雨停了，但地质灾害有滞后性，保持警惕，直至村民雨后3天内返家。

续报3

滑坡已处置。

（5）森林火灾

初 报 山脚有人焚烧秸秆，着火点位于灌木和竹子林区附近，临近又是一片天然杉木林，林下枯枝落叶厚，容易引发森林火灾。

续 报 灾害风险隐患信息报送员和乡镇干部一起扑灭火灾。

（根据浙江报送案例改编）

（6）低温冷冻和雪灾

初 报 某村昨晚至今下大雪，雪厚 20 厘米，某村民家中大棚年久失修，有被积雪压塌砸人的风险。

续报 1

雪仍在下，大棚出现坍塌，无人员伤亡，已提醒群众注意安全。

续报 2

群众已经完成积雪清理。

3. 拍照技巧

照片能够直观地反映灾害风险隐患特征，用手机拍摄灾害风险隐患及其早处置过程应尽量做到以下几点。

（1）聚焦主题

服务于信息报送目标，通过合理构图，集中展现灾害风险隐患的基本特征或早处置情况。

（2）远近结合

离得远，拍远景看全貌，比如灾害风险隐患的全貌、多人参与的早处置场景。离得近，拍近景看细节，比如裂缝等风险隐患基本特征、协助某些人员转移场景。

（3）以物参照

可选择尺子、房屋、道路、人、路标、书本等作为参照物，便于非现场人员更加直观准确地判断灾害风险隐患规模。

（4）调整曝光

风、雨、雪、强光等恶劣天气的光线条件可能会导致照片过暗或过亮，拍摄前可调整曝光设置，保证画面清晰、色彩丰富。

04

共查管 手机电脑

　　乡镇级以上管理员，可通过手机微信小程序或电脑端查看并管理风险隐患信息、典型案例、报送队伍等，其中乡镇和县级还要对下级报送的信息进行及时核验处理。

1. 手机查管

（1）信息查看

信息查看：
默认查看本辖区信息员报送的所有图文信息。按照待核处、已核处、已报县、不属实分类显示，还可根据行政区划、类型、上报时间等条件筛选查看报送信息。

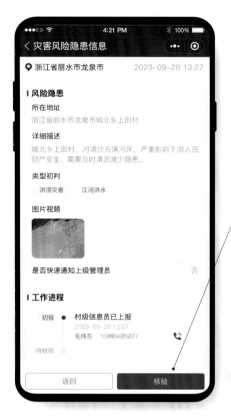

（2）信息处置

点击待核处的一条信息，核验信息真实性，对不属实信息进行认定，对属实信息进行报送分级处置反馈，比如信息不准确或内容缺失，可退回填写，乡镇级处置可填写主要措施结果，需要请求县级支持的要及时报送。

（3）人员地图

查看所在区域信息员分布情况，可查看人员具体信息，便于联系。

（4）人员列表

显示本地信息员、联络员、协调员、协理员列表，并查看详细情况。

（5）个人中心

与信息员功能设置类似，但没有草稿箱。

2. 电脑查管

部署在互联网，用户名为个人手机号，初始密码已设置，需验证码登录。

主要包括风险隐患、典型案例、报送队伍、学习交流和业务应用 5 个版块。

（1）风险隐患

（2）典型案例

案例展示：
支持所有典型案例报送、通报、宣传过程等情况的浏览、检索、统计、导出等功能。

案例管理：
支持案例的增加、编辑、删除和归档、检索、查看、展示等。

案例报送：
支持通过添加、生成、导入3种方式进行逐级报送。

案例模板：
支持模板的新建、编辑、删除和预览功能。

（3）报送队伍

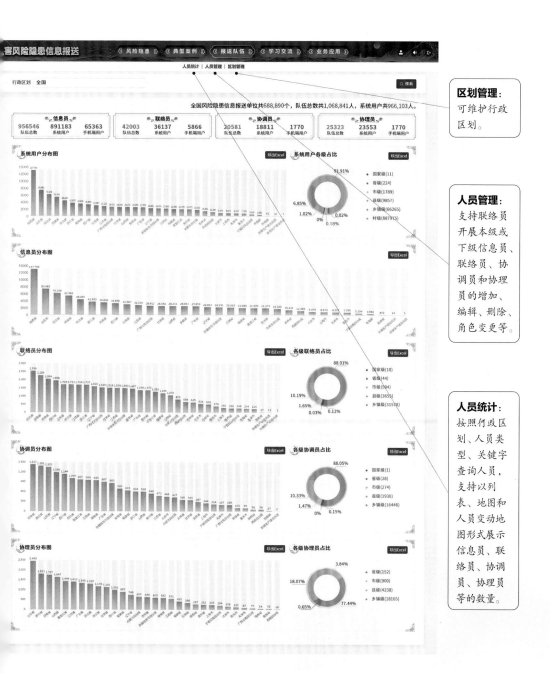

区划管理：可维护行政区划。

人员管理：支持联络员开展本级或下级信息员、联络员、协调员和协理员的增加、编辑、删除、角色变更等。

人员统计：按照行政区划、人员类型、关键字查询人员，支持以列表、地图和人员变动地图形式展示信息员、联络员、协调员、协理员等的数量。

（4）学习交流

工作动态：
支持相关工作信息的增加、删除、修改、审核、查询和展示。

科普作品：
支持按照图书类、图文类、视频类、音频类、剧作类分类展示和管理科普作品。

交流反馈：支持用户工作意见、系统使用意见的反馈和回复。

网络培训：支持培训报名、课程设置、课程管理、课程学习、资料下载、学习资料、结业测试等。

（5）业务应用

具备工作通知、报送提示、大灾群呼、任务接收、联系群组和任务模板等功能。

"早发现""早报告"是为了"早处置"。通过本部分的学习，希望你作为灾害风险隐患的发现者，既要当好"哨兵"，又要当好先期处置的"第一响应人"，熟悉"早处置"的含义、内容和原则，分类分级掌握灾害风险隐患基本的先期处置方法。

肆
动

灾害风险隐患『早处置』

01 第一 响应人

灾害风险隐患的发现者和报告人，即身在现场的信息员，或者第一时间赶到现场的村乡县等各级应急人员，都是名副其实的早处置"第一响应人"。

1. 早处置概念

早处置，通俗地讲，就是先期处置，即针对发现的风险隐患，根据灾前、灾发、灾中、灾后等不同阶段，采取的初步应急避险避灾措施。

灾前特别是临灾之时，是发现风险隐患的应急避险处置，比如警戒、告知风险隐患的存在、采取排险措施等。

灾发、灾中、灾后，是对次生灾害风险隐患的应急避险避灾处置，以及一些急需的紧急救援救灾行动。

2. 早处置内容

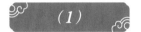

立好现场标识，警示居民或行人。

圈出警戒线，封锁现场，限制人员进入，阻断风险。

公布防控区域信息，告示公众，增强防范意识。

在确保安全条件下，采取排除措施。

报告村社或乡街，发动力量，快速通知并组织人员紧急避险疏散。

现场就近开展自救互救。

3. 早处置原则

报告处置两不误

发现灾害风险隐患，紧急情况下切勿因报告拖延早处置的最佳战机。

自身安全要顾及

一定要在确保自身安全和环境安全的情况下开始行动。

量力而行来处置

遵循当地应急规定程序，忌逞英雄蛮干，避免引发更大风险。

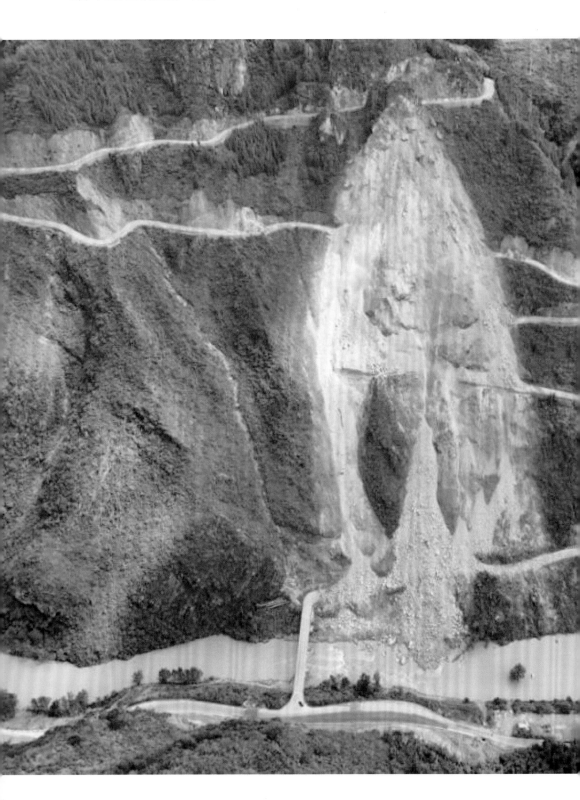

成功 避险案例

　　2023年9月26日，重庆市奉节县长安乡九里社区信息员向光明发现长九路附近山体有较大裂缝、零星碎石崩落，判断可能发生较大规模山体崩塌，立即电话报告乡政府。

　　接报后，乡政府立即向县有关部门报告，并组织应急救援队伍开展先期处置，紧急转移、疏散受威胁群众5户24人。

　　县委、县政府接报后，迅速组织县相关部门及乡政府开展群众转移安置、调查监测、排危除险等工作。

　　9月27日，长九路五指峰发生大规模崩塌，方量约3万立方米。因处置及时，受直接威胁的3户18人以及周边受影响的2户6人成功避险。

02 分类处置

不同的灾种，其风险隐患表征及灾害发生表现有所不同，避险避灾措施也有差异，因此"早处置"可分而治之。下面针对不同灾害风险隐患类型，以地方报送成功避险避灾案例展现相关处置措施。

1. 成功案例

（1）洪涝灾害

案例一

2023 年 7 月 18 日，湖南省湘潭市雨湖区先锋街道先锋村巡查员田帅永发现渠内大堤外侧出现两处管涌。街道接报后迅速上报，街道副主任组织乡村应急队 15 人赶往现场紧急处置，通知先锋村两委干部连夜疏散附近 200 余村民及商户。在县级有关部门和技术人员指导下，两处管涌得到封堵，排除了险情。

案例二

2023 年 9 月 11 日，湖南省益阳市安化县田庄乡笔锋村书记蒋秋生与信息员蒋文芬发现辖区小渭溪存在漫堤风险，立即上报。田庄乡带班领导带领人员赶赴现场，与村干部一同组织受威胁的 17 户 81 名群众转移。

案例三

2023年9月11日,湖南省长沙市开福区四方坪街道滨江社区信息员吴杰发现二环桥下毛家桥市场前坪低洼处积水达50厘米,且积水仍在上涨,迅速上报。街道接报后第一时间上报,并组织研判,认为存在严重城市内涝风险,危及市场一楼商户生命财产安全和东二环线桥下行车安全。街道副主任曾昭武即组织市场开展自救,堆垒沙袋封堵市场入口,紧急转移一楼商户4户9人。各部门组织封闭东二环桥下道路,严禁车辆和行人涉水进入,疏通路边井盖,启动社教桥泵站紧急排涝。后积水退去,险情得到排除。

案例四

2023年5月5日,江西省宜春市铜鼓县大沩山林场信息员兰海洪发现林场便桥下方涵洞排水不畅,河水漫流可能导致场部内涝,立即上报。林场接报后立即组织群众转移,调集挖掘机等疏通受阻河道。县应急管理局局长带领救援队到达现场,与林场工作人员一起挨家挨户协助群众疏散转移,开展安置安抚工作,25户28名群众成功避险。

（2）台风灾害

案例

　　2023年7月27日，浙江省台州市黄岩区平田乡青龙岗村信息员刘建生发现箬岗鲍小云家房屋台风天气下存在坍塌风险，立即上报，并对鲍小云夫妻转移。房屋坍塌后，村应急队对房屋周围进行警戒，防止人员靠近，同时电话通知鲍小云子女，要求做好善后处理。

（3）地质灾害

案例一

　　2023 年 6 月 26 日，重庆市石柱县中益乡全兴村信息员余善勇发现官心组附近山体存在滑坡风险，立即上报。接报后，县有关部门立即转移受直接威胁群众 2 户 5 人，疏散周边群众 11 户 27 人，并做好转移和疏散群众的各项生活保障。划定危险区域，现场设置警示标识和警示线，落实人员 24 小时现场值守，持续做好预警监测工作，防止次生灾害发生和已撤离人员擅自回流。组织市、县两级地质专家进行现场勘查，根据专家意见抓好后续排危处置工作，并做好网络舆情监管工作。

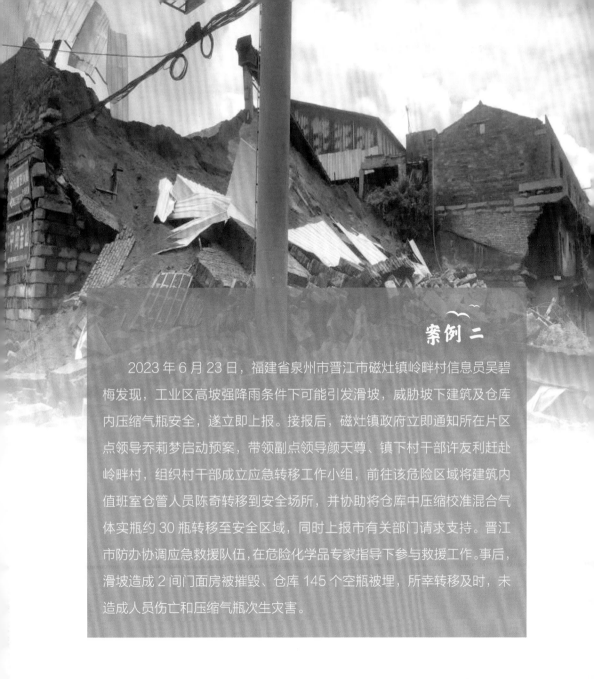

　　2023年6月23日，福建省泉州市晋江市磁灶镇岭畔村信息员吴碧梅发现，工业区高坡强降雨条件下可能引发滑坡，威胁坡下建筑及仓库内压缩气瓶安全，遂立即上报。接报后，磁灶镇政府立即通知所在片区点领导乔莉梦启动预案，带领副点领导颜天尊、镇下村干部许友利赶赴岭畔村，组织村干部成立应急转移工作小组，前往该危险区域将建筑内值班室仓管人员陈奇转移到安全场所，并协助将仓库中压缩校准混合气体实瓶约30瓶转移至安全区域，同时上报市有关部门请求支持。晋江市防办协调应急救援队伍，在危险化学品专家指导下参与救援工作。事后，滑坡造成2间门面房被摧毁、仓库145个空瓶被埋，所幸转移及时，未造成人员伤亡和压缩气瓶次生灾害。

（4）森林草原火灾

　　2023年10月18日，浙江省杭州市建德市莲花镇齐平村信息员汪文瑶发现村文化长廊附近有露天秸秆焚烧，容易引发火灾，立即上报。镇综合信息指挥室接报后，立即派遣相关职能部门和消防队员到现场将火源扑灭。事后，公安机关对焚烧秸秆的村民进行笔录登记和口头警告。

2. 警示标志

不同灾害类型风险隐患重点部位、警示标志及紧急转移疏散示例。

 洪涝

江河洪水 | 堤坝

山洪 | 山洪沟口旅游景区

内涝 | 城市低洼地带积水路段

 台风

大风 | 大风所经之处

地震	落石	道路两侧山体

地质灾害	崩塌滑坡	山丘区房前屋后、道路两旁

森林草原火灾	森林火灾	森林

风雹灾害	风雹	景区、游乐设施
		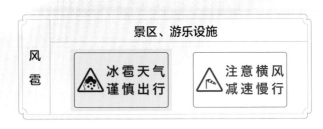

低温冷冻和雪灾	冰雪	结冰道路

03

分级处置

在早处置过程中，信息员及村、乡、县等各级的工作任务各有侧重。

1. 信息员

警戒 做好警示标志或拉好警戒线。

避险 必要时快速通知受威胁人员紧急撤离。

通报 将风险隐患信息（类型、地点、紧急程度、周围人员等）立即通报村社，请求支援。

报告 通过手机小程序报告灾害风险隐患信息。

成功 避险案例

2023 年 9 月 17 日，四川省巴中市通江县空山镇龙池村信息员杨仕明发现山上不时有泥水碎石流下。22 日，杨仕明又发现山上泥水碎石比往日偏多，立刻向镇政府报告，2 户 8 人成功避险转移。

2. 村（社区）

▌准 备▶

密切跟踪灾害性天气过程，做好应急准备工作。

▌核 实▶

接到信息员报告后，立即赴现场对灾害风险隐患信息进行核实。

▌警 示▶

在隐患点周围设警示牌、警戒线，警示牌要注明风险隐患类型，警戒线要醒目。紧急时通过大喇叭、鸣锣、手机等方式发出警报。视情安排人员连续值守。

▌转 移▶

通知并组织受威胁人员紧急撤离，必要时通知下游和周围其他村居。确认后，将避险人员紧急安置到安全地带或避难场所。

▌报 告▶

视情将风险隐患信息立即通报乡镇（街道）。

▌救 援▶

灾害发生后，抢救受困人员，开展简单医疗救护，视情对隐患点采取紧急排险措施。

成功 避险案例

2023年7月3日3时

河南省南阳市南召县留山镇开始下雨。

5时左右

河水微涨，黄楝村村组观测员以河边杀猪锅台烟囱被淹没的砖块为参照物，每10分钟汇报一次水位情况。

6时左右

河道水位上涨迅速，黄楝庄塘堰值班村干部张新浩、李同心报告塘堰水位离坝顶还有1米左右。镇村两级防汛责任人立即做出转移下游群众的决定，按照事先划定的转移路线和人员分包情况，迅速通知下游群众转移避险。当时雨声太大，阻碍铜锣及手摇报警器声音传播，村干部闫红和网格员逐户电话通知，对于孤寡老人和智力障碍等行动不便人员，安排应急抢险队成员用梯子翻墙入院，迅速将人喊起并转移到安全地带。20分钟内成功转移危险区域群众12户26人至事先划定的安置点并妥善安置。

7时30分

村干部迅速排查暴雨冲毁路段，发现危险地段及时设置警示标志提醒路人，杜绝发生次生灾害。同时，利用学校食堂为避险安置人员提供热饮热食，组织村医做好医疗保障，并做好退水区域卫生防疫工作。

3. 乡镇（街道）

准备

密切跟踪灾害性天气过程，组织部署村（社区）做好应急准备工作。

核实

接到信息报告后，立即通过电话等方式，与信息员进行核实确认，视情赴现场核查。

报告

必要时及时报告上级部门，请求援助。

预警

情况紧急时，立即发出预警提示或警报，对危险区域采取警戒措施。

转移

必要时组织救援力量紧急转移安置受威胁群众，做好安置点各项服务保障工作和风险隐患区防守，防止转移人员返回二次受灾。

排查

组织做好隐患排查，加强值守，续报风险隐患信息。

应急

视情启动应急预案，及时排险救援，有序做好应急工作。视情请求上级部门支援。

宣传

公告风险隐患及排险处置情况，安抚公众情绪，及时奖励发现报告并协助群众成功避险避灾的信息员。

成功 避险案例

7月7日 夜间

雨量持续加大，党工委、办事处及时向县委、县政府报告，并通过高音喇叭、群发消息、敲锣打鼓等方式，叫醒正在沉睡的群众，做好紧急撤离准备。在雨量达 90 毫米时，指挥部判断西洛河上游的西洛河水库存在溢洪风险，立即组建 5 个工作组待命。当降雨量达到 130 毫米时，指挥部预判降雨还将持续，要求中华村、红星村立即对地灾点群众实施紧急撤离，沿河社区将河道附近居民转移至安全地带，并按要求落实好转移群众的基本生活保障，成功确保了受威胁群众 109 户 401 人生命安全，避免损失 300 余万元。

2023 年 7月6日

贵州省毕节市金沙县西洛街道党工委、办事处安排危险区的 6 个村级信息员加强灾害风险隐患巡查，密切监测上报地质灾害隐患点情况和水库水位信息。

4. 县（市、区）

▌准备 ▶

密切跟踪灾害性天气过程，组织部署乡镇（街道）做好应急准备工作。

▌指导 ▶

根据需要调度指挥，指导协助乡镇（街道）做好人员紧急转移安置等工作。

▌处置 ▶

遇重大风险隐患，及时启动应急预案，视情协同部门或派出专家开展应急监测和专业查勘，开展救援救灾行动，并向上级报告。

▌宣传 ▶

处置工作结束后，多方式宣传成功避险避灾典型案例，视情给予发现、报告、处置相关人员精神或物质奖励，并报告上级部门。

2023年9月26日	重庆市巫山县铜鼓镇水流村地质灾害群测群防员王安然在例行巡查时，发现水流村二组兑窝子坪监测点出现裂缝。
10月9日9时	地质工程师李治伟会同镇政府开展雨后核查，发现滑坡后缘裂缝变形加剧、增大，还出现9条新的地裂缝。
10时30分	铜鼓镇撤离群众37户96人。
10时40分	三峡库区危岩地灾前线指挥部安排专家，会同巫山县规划自然资源局、县应急管理局、县地质灾害整治中心等部门到达现场。县应急管理部门调集专业救援指战员以及救援装备、救灾物资，开展现场救援并组织群众撤离安置。
11时	巫山县委、县政府主要领导到达现场，成立现场应急指挥部，开展现场处置。

❶ 紧急撤离受威胁常住居民87户182人，做好群众思想疏导和社会舆情管控工作。

❷ 划定危险区范围，设立警戒线和警示标志，对该段道路采取断道限行措施，加设安全防护栏，禁止无关人员进入危险区，落实专人24小时巡查值守。

❸ 采取措施防止撤离人员回流。

❹ 加强巡查排查工作，采取便携式GNSS、地基雷达、视频监控及无人机巡查等手段进行应急专业监测。

❺ 立即启动滑坡区后缘影响区域应急勘查，对滑坡周边高、极高风险区立即开展全面排查，发现问题及时处置。因处置及时，未造成人员伤亡。

10日	根据《重庆市地质灾害成功避险奖励暂行规定》，重庆市减灾委员会办公室对巫山县予以通报表扬。

5. 市、省、部级

▌准备 ▶

密切跟踪灾害性天气过程，部署安排应急准备工作。

▌指导 ▶

根据需要调度指挥，督促下级做好更多风险隐患早发现、早报告、早处置工作，视情组织开展会商研判，启动预警或应急响应。

▌宣传 ▶

处置工作结束后，发掘汇总宣传成功避险避灾典型案例，视情给予发现、报告、处置风险隐患相关人员精神或物质奖励，并报告上级部门。

成功 避险案例

2023 年 4 月 25 日，重庆市忠县忠州街道新桥社区信息员汪凯发现新桥社区 3 组临 352 至 354 号房屋后侧不稳定斜坡出现险情，立即电话报告。

接报后，重庆市应急管理局第一时间指导忠县启动地质灾害Ⅱ级应急响应，会同市规划自然资源局，组织市级地质专家，成立现场指导工作组，赶赴现场开展应急处置，现场指导群众转移安置、调查监测、排危除险等工作：

第一步 · 紧急撤离受威胁常住居民 37 户 133 人，采用投亲靠友方式进行安置，同时做好群众思想疏导和社会舆情管控工作；

第二步 · 划定危险区范围，设立警戒线和警示标志，对该段道路采取断道限行措施，加设安全防护栏，禁止无关人员进入危险区，落实专人 24 小时巡查值守；

第三步 · 采取措施防止撤离人员回流；

第四步 · 制定排危除险方案，明确技术单位进行施工排危。

后记

　　《发现身边的灾害风险隐患》是开展灾害风险隐患识别、报送、处置的参考书籍，为减轻灾害风险、减少人员伤亡、提升基层应急能力提供助力。为编写好本书，应急管理部风险监测和火灾综合防治司成立了由司长杨旭东同志担任主任的编委会，编委会副主任为王月平、王成磊、张志如等同志，编委会委员为马玉玲、王岩、刘菲菲、任冠中、叶学华、刘国珍、黄明亮、齐立国等同志。

　　本书由马玉玲同志任编写组组长并对全书进行统稿，和海霞、刘海政同志任副组长并承担部分编写任务。参加本书编写的行业领域专家（按姓名笔画排序）有王建新、刘传正、许冲、邹文卫、赵鲁强、郝建盛、聂娟、殷继艳、郭良、谭先锋等同志，主要来自气象、水利、地震、地质、林业、消防等应急领域。参加本书编写的省级联络员（按姓名笔画排序）有卜鹏远、万晓峰、王松、王松柏、王洁、王晓晖、王智慧、王慧、扎西、毛阿平、卢峰、田承飞、史登华、史腾、苏瑞、何瑛仪、应卓蓉、张明兵、张春雷、陈国亮、陈钦安、林虹宇、郑艳楠、胡雁飞、柳连鹏、侯成栋、莫毅、黄荣章、黄惠娜、彭琪琳、董敏娟、谢煜、解婷、潘冬冬等同志。参与本书版式和图片设计的专家有杨秀、常璐、马婷婷、张娜等同志。

本书在编写出版过程中，得到了各省（自治区、直辖市）及新疆生产建设兵团应急管理厅（局）等部门单位的大力支持。本书未标注来源的成功避险案例和重大灾害事件全部来自应急管理部门，特别是北京、上海、江苏、浙江、福建、江西、河南、湖北、湖南、重庆、四川、贵州、云南、陕西、甘肃、新疆等16个省（自治区、直辖市）应急管理厅（局）风险监测相关处室，悉心组织所辖市、县应急管理部门发掘编报了91个成功避险案例，为本书提供了大量鲜活素材。在此，谨向所有给予本书帮助支持的单位和同志表示衷心感谢。

灾害风险隐患识别处置工作在不断发展，本书的研究仅仅只是一个开始，难免存在不足之处，欢迎广大读者特别是专家学者、应急管理工作者和基层广大干部群众提出宝贵意见建议。

编 者

2024 年 3 月